U0241164

重庆金佛山杜鹃花图志

南川区金佛山风景名胜区管理局
重庆市药物种植研究所
组编

刘正宇　钱齐妮　邓　华　主编

国家一级出版社
全国百佳图书出版单位
西南师范大学出版社
XINAN SHIFAN DAXUE CHUBANSHE

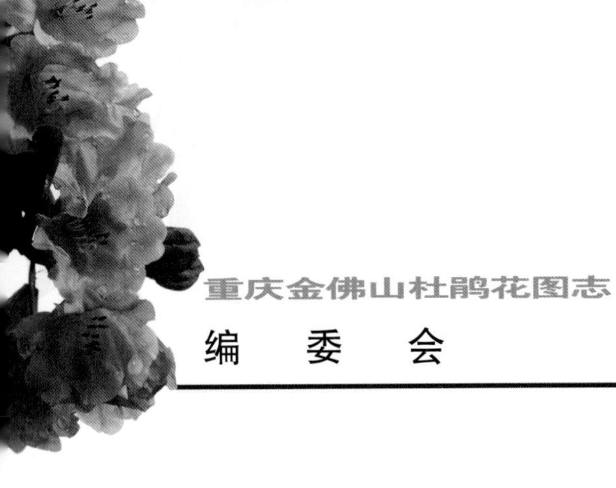

重庆金佛山杜鹃花图志

编　委　会

编写人员

刘正宇　钱齐妮　张钦伟　谭杨梅　汪江珊　张　军　刘　翔　任明波

林茂祥　慕泽径　杜小浪　韩如刚　申　杰

野外调查人员

刘正宇　钱齐妮　谭杨梅　张　军　刘　翔　任明波　林茂祥　慕泽径

杜小浪　韩如刚　申　杰　陈玉涵　金江群　安中维　梁明祥　安中玉

照片拍摄

刘正宇　张钦伟　陈荣森　许　鹏　刘　翔　张　军　任明波　林茂祥

韦子敬　喻勋林　李小杰　朱大海等

序

金佛山是我国中亚热带常绿阔叶林森林生态系统保存最完好的地区之一，杜鹃花属植物种类十分丰富。早在1891—1892年，奥地利外交官罗斯通（A.V.Rosthorn）来金佛山考察，采集了一批植物标本，后由德国植物学家狄尔斯（L.Diels）于1900—1901年连续发表了多个植物新种，其中便有阔柄杜鹃（*Rhododendron platypodum* Diels）和粗脉杜鹃（*Rhododendron coeloneurum* Diels）。

我国最早进入金佛山进行植物考察的学者便是家父（四川大学一级教授方文培）。他当时在中国科学社生物研究所工作，奉派负责四川、西康两省的植物调查，于1928年4月来重庆金佛山。这次考察收获颇丰，其中于1939年发表了金山杜鹃、川南杜鹃和弯尖杜鹃三个杜鹃花新种，并对于前人狄尔斯的两个新种做了考证，原来狄尔斯只采集到果实，而这次他采到了花的标本，对种的原始记载作了补充。其后，又有我国植物学者章树枫（1930）、杨衔晋（1932）、熊济华（1957）等先生来到金佛山，采集了部分杜鹃花标本，先后由家父和胡文光教授引用他们在该山采集的标本，于1983年及以后发表了树枫杜鹃［*Rhododendron changii* (Fang) Fang］、短果峨马杜鹃（*Rhododendron ochraceum* Rehd.et Wils.var. *brevicarpum* W.K.Hu）和瘦柱绒毛杜鹃（*Rhododendron pachytrichum* French.var. *tenuistylsum* W.K.Hu）三个杜鹃花属新种和新变种。

重庆市药物种植研究所刘正宇研究员等植物工作者，自20世纪70年代初就开始进行金佛山杜鹃花属的专题调查，通过30多年的工作积累，先后采集该山杜鹃花属植物标本数千余份，获得大量珍贵的野外原始资料，并于1981年在植物杂志上首次报道了“金佛山杜鹃王”，引起了世人的关注。家父和胡文光等教授根据他们历年在该山采集的杜鹃花标本作为模式，陆续发表了短梗杜鹃（*Rhododendron brachypodum* Fang et P.S. Liu）、金佛山美容杜鹃（*Rhododendron calophytum* Franch.var. *jingfuense* Fang et W.K.Hu）、疏花美容杜鹃（*Rhododendron calophytum* Franch.var. *pauciflorum* W.K.Hu）等新植物。

近年作者与金佛山风景名胜区管理局合作，在原有调查研究的基础上，对该山杜鹃花属进行了深入研究和系统整理，完成了《重庆金佛山杜鹃花图志》，对金佛山自然地理环境、地质、地貌、土壤作了考察。根据金佛山杜鹃花研究情况，编出金佛山杜鹃花属植物的名录和检索表，并对每种杜鹃花的中文名、别名、拉丁名、植物形态、产地、分布、主要鉴别特征做了记述，还对每种杜鹃提出了相应的保护意见和措施，对金佛山杜鹃花属植物开发利用前景提出了建议。

本书共收载金佛山已知的杜鹃花属植物42种，其中野生的38个物种中有9种杜鹃在发表新种时引用采自该山的标本作为模式，模式产地杜鹃占该山野生杜鹃总数的23.7%，其中世界上仅知产于该山的有7种，占18.4%。该山特有种、模式种的比例之大，在我国乃至世界罕见，金佛山确实是杜鹃花属植物种类分布最集中的地区之一。

本书是重庆市第一部地区性杜鹃花属植物的专著。杜鹃花是世界上著名的观赏植物，金佛山丰富的植物种类及组成的特殊性，一直是广大植物学者关注的热点地区，本书的出版将为逐步查清金佛山的植物种类做出可贵的贡献，有较高的学术价值。全书图文并茂，内容丰富翔实，既可为以后的研究者提供学术参考，为广大旅游者、杜鹃花爱好者普及科学知识，也为今后合理地开发利用和保护杜鹃花资源提供科学依据。

金佛山每当杜鹃花盛开的季节，满山鲜花的迷人景色，令人难忘！丰富的杜鹃花（*Rhododendron*）资源，相伴的银杉（*Cathaya argyrophylla*）和金佛山方竹[*Chimonobambusa utilrs* (Keng) Keng. f.]都是大自然留给金佛山的珍贵遗产，盼能得到有效的保护以造福于人类！

特书弁语，以祝贺本书的出版。

四川大学生命科学学院教授 方明渊

2013.6.20

前 言

“蜀国曾闻子规鸟，宣城还见杜鹃花。一叫一回肠一断，三春三月忆三巴。”这是李白吟咏杜鹃的著名词句。是什么场景使得李白柔肠寸断，深忆三巴呢？巴渝大地，唯有金佛山杜鹃满山遍野，花团锦簇，百态千姿，身临其境，叩触心扉，让人留下永难忘怀的记忆。

金佛山，重庆的后花园，位于重庆市南川区境内，为国家级风景名胜区，也是国家级自然保护区。金佛山莽莽苍苍，植被原始，是我国中亚热带常绿阔叶林森林生态系统保存最完好的地区之一，也是野生珍稀濒危动植物富集的地区，具有古生物、古气候、古地理、古地质的历史研究价值和综合保护价值，在国内外已有极高的知名度和影响力。金佛山的杜鹃花属植物资源非常丰富，是该山植物区系中较大的属，也是该山植物中最有观赏价值的类群之一。全世界杜鹃有900余种，我国有530多种，重庆有50余种，而金佛山就多达42种，为全国名山之中杜鹃花种类最多的地区。数以十万计的杜鹃花植株，杂陈于原始林海之中，绽放出姹紫嫣红的花朵，汇聚成杜鹃花海。而今，每年一度的“杜鹃花节”，已使金佛山的杜鹃花蜚声海内外。

杜鹃有“花中西施”、“木本花卉之王”的美誉，为我国十大名花之一。杜鹃花是杜鹃花科杜鹃花属植物的总称，多为常绿灌木或小乔木，少数种类为乔木，株型优美，花大而艳，具有极高的观赏价值；其性耐寒，主要分布于我国西南中高山地区，并为该区生态系统中的建群种或伴生种，其茂繁的枝叶和发达的根系，也是优良的水土保持植物，具有重要的生态价值。

金佛山有着丰富的杜鹃花植物资源，虽然从20世纪20年代末我国植物界专家就对该山的杜鹃花植物进行过标本采集和分类研究，但对金佛山的杜鹃花属植物资源考察甚少，更没有立专项进行系统地调查研究。

2011年11月，南川区金佛山风景名胜区管理局将《重庆金佛山杜鹃花图志》编写项目正式下达重庆市药物种植研究所具体实施。在原有对金佛山杜鹃花属调查研究基础上，通过野外实地考察、标本整理鉴定和相关资料收集，较彻底地摸清了金佛山杜鹃花属植物资源的本底状况。

金佛山的美景催生出一批南川本土摄影家，他们对金佛山杜鹃的钟爱，凝聚成大场景杜鹃的美丽画幅。金佛山风景名胜区管理局广泛收集，精心遴选，加上科研人员的标本照片，充实了金佛山杜鹃花的图文资料，于是汇编成图文并茂的《重庆金佛山杜鹃花图志》。

目 录

一　金佛山杜鹃花生境

金佛山杜鹃花生态

仙踪还是梦境？杜鹃伴我行，春鸟催梦醒，漫步山顶。

生长在山脊的金佛山杜鹃花丛

雨后初晴，雾漫金山，各色杜鹃攀岩附岭，娇羞欲滴，露珠晶莹。双瞳凝聚，但愿长醉不愿醒。

金佛山杜鹃王

王的威武，花的柔情，盛满金山杜鹃的奇景。风摇树影，杜鹃王国洒满一地温馨。

金佛山杜鹃落花满地

金山花事尽，山原食玉英。王母瑶池虚幻缥缈，金山随处花色可饮。

生长在山腰的粗脉杜鹃

万山皆暗，此山独明！不知是阳光绽放了杜鹃，还是花儿招惹了光影，祥瑞之光，唯独在鲜花的巅峰降临。

金佛山北坡盛开的杜鹃花(一)

山势如游龙,漫山披锦绣;秀美了金佛山,妆靓了中华龙。

金佛山北坡盛开的杜鹃花(二)

不与樱花比肩,不与桃花争艳,静静地退避山岩,却亮出无比鲜艳。

阳光下的乔木杜鹃

吮吸阳光,展露笑颜,玉露承盘,滋润杜鹃的娇艳。

金佛山北坡索道下盛开的杜鹃花

峭壁如玉屏，屏堆云锦。林茂森森，杜鹃枝头惊醒。活了金佛山，醉了梦游人。

金佛山西坡金龟朝阳下杜鹃花生态

神龟探海，却不想已置身茫茫杜鹃花海。似梦如幻，龙宫珠宝晾晒山隘？

金佛山乔木型杜鹃生境

杜鹃花朵，硕大玉润。一簇簇，一团团，贴满乔木，闹翻山林，锁定了多少仙游的激情？

金佛山杜鹃生境

神笔难描，丹青难绘，立轴横披画，框不住杜鹃炫目的光辉。

沿山脊生长的杜鹃花林带

从林壑深处，高攀蜿蜒山脊。追逐阳光，寻觅春意，亮出杜鹃花丛的绚丽。

生长在悬崖绝壁上的杜鹃花

向往山脊，依傍悬崖。杜鹃依恋着金山，金山拥抱着杜鹃。金山杜鹃情，感染人间。

金佛山乔木型杜鹃群落

花中西施气度高贵，芙蓉芍药顾影自愧。薄雾轻纱贵妃出浴，锦簇铺垫貂蝉欲睡。

狮子口下的灌木杜鹃

狮子口上白云柔软，磨子岩边杜鹃红映。金山之春和弦奏响，敞开胸怀畅饮梵音。

瞭望台下方的杜鹃花

游走于山脊,满山杜鹃红殷。红得耀眼,粉得可亲。不忍攀折,拾落英卧于掌心,抚出怜爱,吻出芳馨。

多种乔木型杜鹃组成的杜鹃花海

金佛山深春，漫山遍野，满目繁花似锦。红粉紫绿，百鸟朝鸣；寻声问鸟，人融春景。

牵牛坪下方的乔木型杜鹃

乔木杜鹃亭亭玉立，颦笑之间撩人惊喜。扶摇直上吊箱腾云，当心撞飞花瓣一地！

牵牛坪附近乔木型杜鹃与常绿阔叶及竹林组成植物群落

方竹与杜鹃，一段天凑的缘分。杜鹃为方竹抵御霜雪，方竹为杜鹃积蓄养分，相近相亲，相依为命。

生长在仙女洞下方的乔木型杜鹃花

仙女洞下花团锦簇，风吹岭上春光明媚。是九天仙女挚爱金山？殷勤抛撒，杜鹃花飞！

凤凰寺对面的杜鹃花海

杜鹃张开笑脸,笑得满山争春。竞相出露的花朵,喜欢聆听凤凰寺悠扬的钟声?

以金佛山为模式产地命名的金山杜鹃含苞待放

杜鹃含苞待放,蜂蝶儿上下奔忙。但愿凝固这美丽的瞬间,锁定永久的芳香。

金佛山云雾中的杜鹃花丛

雨后初晴，云山雾绕，杜鹃时现时隐。春风吹拂，阳光明媚，花上的水珠剔透晶莹。

以乔木型杜鹃为主的常绿阔叶林

杜鹃奇葩，来自蓬山仙境；仙子凝目，情牵金山的英俊？种花深沟高岭，苦与累，换得满山缤纷！

二　金佛山自然地理环境概述

(一)地理位置范围

金佛山位于重庆市南端的南川区境内,南与贵州省正安县、桐梓县接壤,西与重庆市万盛区(现属綦江县)相连,东邻重庆市武隆县、贵州省道真县,北依南川城区,位于东经106°54′-107°27′,北纬28°40′-29°30′,是四川盆地东南缘与云贵高原的过渡地带,是大娄山山脉东段的一支脉,由金佛山、柏枝山、箐坝山组成,最高峰风吹岭海拔2 238.2 m,最低点鱼跳海拔380 m,总面积1 300 km^2。

(二)自然环境

1. 地质地貌

(1)地质

金佛山属新华夏构造体系,地质构造的主要展布为北北东、南北、北北西及部分弧形构造线,尤以北北东向构造线最为明显。骨干褶皱构造自西北向东南发展。龙骨溪背斜从西南至东北横贯金佛山区,支撑着整个地质构造,整个背斜由寒武系、奥陶系、志留系地层组成。在此背斜的东南金佛山向斜自成段落倒置山。向斜与背斜近于平行延伸,向斜轴线扭摆多弯曲,独立高点多,金佛山主峰正好是向斜的轴部。

(2)地貌

金佛山属川东褶皱地带,为大娄山山脉北端的最高峰,其地形地貌兼具四川盆地与云贵高原两地的特点,是典型的喀斯特地貌。地表形态特征、岩溶性及新构造运动的差异性,构成了中山台地、低山峡谷两大地貌。

中山台地:主要分布在金佛、柏枝、箐坝三山海拔1 000 m以上,相对高差500-1 000 m的地带。山脉展布方向大多与构造线一致,地层成层性明显,每层均有剥夷面。

低山狭谷:主要分布在龙骨溪背斜和金山向斜两翼,海拔800-1 200 m,相对高差500 m以上地带,由寒武系、奥陶系和志留系岩层组成,经风化溶蚀且又受金佛山水系冲刷,形成深沟狭谷地貌。

2. 气候环境

金佛山位于亚热带湿润季风气候区，气候温和、雨量充沛、多云雾、冬微寒夏暖，具明显的季风气候特点，受东太平洋湿润季风气候的影响，加之金佛山山体复杂，有利于暖湿气流的引申，经各种复杂地形和垂直高度的变化，对光、热、水资源起着阻滞和再分配作用。

该区常年平均气温低于8.3 ℃，年最高气温26 ℃，年最低气温−7.9 ℃。年平均日照1 079.4 h，年平均降水量为1 395.5 mm。年平均有雨日236 d，有雾日263 d，相对湿度90%。

3. 土壤

金佛山土壤因受地质制约和生物、气候因素的相互作用，具有地带性和地域性分布和明显的垂直带谱特征。从总体上看，形成的母岩主要是石灰岩、砂岩、页岩等。土壤的垂直带谱为山地黄壤、山地暗黄壤、山地黄棕壤，山间沟谷有粗骨性黄泥和少量的高山草甸土分布。

4. 水文

区内主要河流有26条，金佛山发源的溪河均属长江水系，主要河流有：凤咀江、半溪河、龙骨溪、木渡河、石钟溪、龙岩江、黑溪河、鱼泉河、合九溪、桐槽溪、石梁河、元村河、灰阡河、柏枝溪、孝子河、梨香溪等。

5. 生物资源

(1)植被状况

金佛山植物种类繁多，类型复杂多样，形态特征各异。在分布上呈现出散、片、块状分布，不同地质年代的植物和不同区系成分的植物常常混合在一个植物群落里，珍稀、孑遗和特有种都相当丰富，是我国不可多得的中亚热带植物集中分布区。

森林植被区系组成十分复杂，可将植被划分为：山脚沟谷偏湿性常绿阔叶林带，浅丘偏暖性针叶林带，山腰偏暖性阔叶、针叶混交林带，山顶落叶、常绿阔叶与竹类偏寒湿林带等4个垂直带。

按中国植被的分类系统和单位可分为：针叶林、阔叶林、竹类、灌丛、草丛5个植被型组；温性针阔叶混交林、暖性针叶林、常绿。落叶阔叶混交林等11个植被型；银杉针阔叶混交林、暖性常绿针叶林、山地杨桦林、山地常绿落叶阔叶混交林等15个植被亚型；松林、油杉林、柏木林、桦木林、青冈落叶阔叶混交林等30个群系组；银杉、水青冈、杜鹃林，铁坚油杉林，灯台树、川鄂山茱萸林，华木荷、毛蕊山茶林等72个群系。

(2)生物类群

①大型真菌

金佛山已知的61科185属584种大型真菌中，有子囊菌类12科29属61种，胶质菌类5科9属26种，多孔菌类16科56属170种，伞菌类18科73属284种，腹菌类10科18属43种。其中木腐菌241种，外生菌根菌286种，虫生菌19种，粪生菌11种，土生菌7种，竹生菌4种，菌生菌1种，其他15种。

②植物

金佛山植物种类十分丰富，已知该山植物共有306科1 644属5 907种(包括栽培植物918种)，其中地衣12科22属62种，苔藓56科173属340种，蕨类植物47科113属598种，裸子植物10科28属67种，被子植物181科1 308属4 840种。

③动物

金佛山动物资源也十分丰富，现已知有动物354科1 461属2 178种，其中无脊椎动物254科1 158属1 712种，脊椎动物100科303属466种，白颊黑叶猴、金钱豹、林麝、大鲵等不少种类是世界闻名和我国特有珍稀动物。

三 金佛山杜鹃花研究概况

金佛山杜鹃花植物资源十分丰富。早在19世纪末，奥地利人罗斯通(A.V. Rosthorn)以植物学者的身份进入金佛山，采集了植物标本2 400余号，运回欧洲藏于德国柏林皇家博物馆，后由世界著名植物学家狄尔斯(L. Diels)于1900–1901年连续发表了植物新种200多种，其中便有阔柄杜鹃(*Rhododendron platypodum* Diels)和粗脉杜鹃(*Rhododendron coeloneurum* Diels)两个新种，但长期以来，这些南川林中的宝贝被锁入国外深闺，不被国人所知。

我国最先进入金佛山进行杜鹃花考察的学者是国内外知名的杜鹃花专家，原四川大学一级教授方文培，他于1928年独自一人来到金佛山，开创了金佛山杜鹃花植物考察的先河，收获甚丰，其中发表了金山杜鹃(*Rhododendron longipes* Rehd. et Wils.var. *chienianum*(Fang) Chamb. ex Cullen et Chamb.)、弯尖杜鹃(*Rhododendron adenopodum* Franch.)和川南杜鹃(*Rhododendron huianum* Fang)三个植物新种(其中弯尖杜鹃*Rhododendron youngae* Fang后被相关专家并入*Rhododendron adenopodum* Franch.)。后又有我国植物学者章树枫(1930)、杨衔晋(1932)、熊济华(1957)等来到金佛山，也采集了部分杜鹃花标本，后由方文培和胡文光教授引用他们在该山采集的标本发表了树枫杜鹃[*Rhododendron changii*(Fang) Fang]、短果峨马杜鹃(*Rhododendron ochraceum* Rehd. et Wils. var. *brevicarpum* W. K. Hu)、瘦柱绒毛杜鹃(*Rhododendron pachytrichum* Franch.var. *tenuistylum* W. K. Hu)三个植物新种(变种)。

重庆市药物种植研究所地处金佛山北麓，内设有动植物资源专业研究室，对调查金佛山的杜鹃花有着得天独厚的条件，自20世纪70年代初就开始进行金佛山杜鹃花的专题调查，至今从未间断。先后采集该山杜鹃花标本数千份，获得大量的珍贵原始资料，并于1981年在植物杂志上首次报道了“金佛山杜鹃王”，引起了世人的关注。另方文培、胡文光、方明渊等教授根据重庆市药物种植研究所历年在该山采集的杜鹃花标本，陆续发表了短梗杜鹃(*Rhododendron brachypodum* Fang et P. S. Liu)、金佛山美容杜鹃(*Rhododendron calophytum* Franch.var. *jingfuense* Fang et W. K. Hu)、疏花美容杜鹃(*Rhododendron calophytum* Franch. var. *pauciflorum* W. K. Hu)等植物新种。

根据我所历年来对金佛山区域进行的“金佛山经济动植物资源调查(1989年)”、“金佛山动植物资源详查(2000–2002年)”、“金佛山生物资源考察(2004–2005年)”等多个研究项目的调查结果及采集到的杜鹃花属植物标本鉴定，现已知金佛山共有杜鹃花属植物42种，占重庆市已知杜鹃花属植物(54种)的77.78%。

四　金佛山杜鹃花属名录

从分类学上看，金佛山杜鹃花隶属于常绿杜鹃、有鳞杜鹃、马银花、羊踯躅和落叶杜鹃5个亚属，8个组（常绿杜鹃组、有鳞杜鹃组、腋花杜鹃组、马银花组、长蕊组、轮生组、杜鹃组、羊踯躅组），覆盖了我国杜鹃花5个亚属的全部和绝大多数组。金佛山42种杜鹃花属植物具体名录如下：

弯尖杜鹃　*Rhododendron adenopodum* Franch.
银叶杜鹃　*Rhododendron argyrophyllum* Franch.
耳叶杜鹃　*Rhododendron auriculatum* Hemsl.
腺萼马银花　*Rhododendron bachii* Lévl.
短梗杜鹃　*Rhododendron brachypodum* Fang et P. S. Liu
美容杜鹃　*Rhododendron calophytum* Franch.
金佛山美容杜鹃　*Rhododendron calophytum* Franch. var. *jingfuense* Fang et W. K. Hu
疏花美容杜鹃　*Rhododendron calophytum* Franch. var. *pauciflorum* W. K. Hu
树枫杜鹃　*Rhododendron changii*(Fang) Fang
粗脉杜鹃　*Rhododendron coeloneurum* Diels
大白杜鹃　*Rhododendron decorum* Franch.
小头大白杜鹃　*Rhododendron decorum* Franch. sp. *parvistigmaticum* W. K. Hu
马缨杜鹃　*Rhododendron delavayi* Franch.
树生杜鹃　*Rhododendron dendrocharis* Franch.
云锦杜鹃　*Rhododendron fortunei* Lindl.
川南杜鹃　*Rhododendron sparsifolium* Fang
粉白杜鹃　*Rhododendron hypoglaucum* Hemsl.
皋月杜鹃　*Rhododendron indicum*(Linn.) Sweet.
不凡杜鹃　*Rhododendron insigne* Hemsl. et Wils.
鹿角杜鹃　*Rhododendron latoucheae* Franch.

金山杜鹃	*Rhododendron longipes* Rehd. et Wils. var. *chienianum*(Fang) Chamb. ex Cullen et Chamb.
黄花杜鹃	*Rhododendron lutescens* Franch.
麻花杜鹃	*Rhododendron maculiferum* Franch.
满山红	*Rhododendron mariesii* Hemsl. et Wils.
照山白	*Rhododendron micranthum* Turcz.
羊踯躅	*Rhododendron molle*(Bl.) G. Don
毛棉杜鹃	*Rhododendron moulmainense* Hook.f.
白花杜鹃	*Rhododendron mucronatum*(Bl.) G. Don
钝叶杜鹃	*Rhododendron obtusum*(Lindl.) Planch.
峨马杜鹃	*Rhododendron ochraceum* Rehd. et Wils.
短果峨马杜鹃	*Rhododendron ochraceum* Rehd. et Wils. var. *brevicarpum* W. K. Hu
粉红杜鹃	*Rhododendron oreodoxa* Franch.var. *fargesii*(Franch.) Chamb. ex Cullen et Chamb.
马银花	*Rhododendron ovatum*(Lindl.) Planch. ex Maxim.
瘦柱绒毛杜鹃	*Rhododendron pachytrichum* Franch.var. *tenuistylum* W. K. Hu
阔柄杜鹃	*Rhododendron platypodum* Diels
腋花杜鹃	*Rhododendron racemosum* Franch.
溪畔杜鹃	*Rhododendron rivulare* Hand.-Mazz.
杜鹃	*Rhododendron simsii* Planch.
长蕊杜鹃	*Rhododendron stamineum* Franch.
毛果长蕊杜鹃	*Rhododendron stamineum* Franch. var. *lasiocarpum* R. C. Fang et C. H. Yang
四川杜鹃	*Rhododendron sutchuenense* Franch.
反边杜鹃	*Rhododendron thayerianum* Rehd. et Wils.

五　金佛山杜鹃花属植物分述

1. 弯尖杜鹃(别名:腺柄杜鹃)

Rhododendron adenopodum Franch. in Journ. de Bot. 9:391. 1895.

Rhododendron youngae Fang in Contr. Biol. Lab. Sci. Soc. China Bot. 12:24. 1939;中国高等植物图鉴3:122. 图4198. 1974:湖北植物志3:278. 图1883. 2002.

常绿灌木或小乔木,高3-5(6) m;树皮深灰色或灰白色,干后呈块状剥落;幼枝有灰白色绒毛及少许腺体,后脱落。叶多密生于枝顶,革质,倒卵状椭圆形或长倒卵形,长5-14 cm,宽2-4.5 cm,先端急尖,常有向外折歪曲的短尖尾,基部楔形或钝,边缘向下反卷,上面无毛,中脉微下陷,侧脉微现,10-12对,下面有灰白色的薄毛被,中脉显著隆起,侧脉为毛被所覆盖;叶柄圆柱形,长1-2 cm,幼时被灰白色绒毛,后变无毛。顶生总状伞形花序,有花4-8朵;总轴长1-1.5 cm,密被淡黄色柔毛,后变无毛;每花下有一膜质的苞片,倒卵形,长约2 cm,宽约1 cm,外面有密长柔毛,内面仅顶部有毛,其余无毛,开花后即脱落;花梗长1.5-3 cm,密被淡棕色头状腺毛及疏柔毛;花萼小,5裂,裂片三角状卵形,长3-5 mm,膜质,外面有少许硬毛,内面无毛;花冠漏斗状钟形,长3.5-4.5 cm,粉红色,有深红色斑点,5裂,裂片圆形,长1.5 cm,宽2 cm;雄蕊10,长1.5-3 cm,不等长,花丝线形,基部有开展的柔毛,花药长卵圆形,长3 mm,直径2 mm;子房卵圆形,长5 mm,有棕色的长柄腺体;花柱长4.5 cm,无毛,柱头膨大,3-5浅裂。蒴果圆柱状或长圆状椭圆形,长1.5-2 cm,直径6-10 mm,密被开展的绒毛和腺毛。花期4-5月,果期7-8月。

本种在金佛山主要分布于三元林区和金佛山北坡扇子坪、黄草坪等地,生长于海拔850-1 600 m的山地灌丛中。中国特有,重庆东北部和湖北西部也产。模式标本采自重庆城口和南川金佛山。

本种主要特征是叶片下面有灰白色毛被,先端急尖,有向外折弯曲的短尖尾,花序总轴较长并有柔毛,花梗有头状腺毛。

该物种在金佛山的中山地带较为常见,但由于主要生长在农耕区内,当地常作薪柴砍伐和花卉采挖,近年野生种群数量有所减少,应加大宣传,注意保护。

弯尖杜鹃—生境

弯尖杜鹃—全株

弯尖杜鹃—花序

弯尖杜鹃—花

弯尖杜鹃—果

弯尖杜鹃—叶

弯尖杜鹃—叶芽

银叶杜鹃—生境

银叶杜鹃—花枝

银叶杜鹃—花

银叶杜鹃—果

银叶杜鹃—叶芽

银叶杜鹃—叶

2. 银叶杜鹃(别名:白背杜鹃)

Rhododendron argyrophyllum Franch. in Bull. Soc. Bot. France 33:231. 1886.

Rhododendron chionophyllum Diets in Engler's Bot. Jahrb. 29:512. 1900.

Rhododendron argyrophyllum Franch. var. *cupulare* Rehd. et Wils. in ibid. 1: 526. 1913.

常绿小乔木或灌木,高约4–7.5 m;树皮灰褐色;小枝粗壮,淡绿色或紫绿色,常无毛。叶常5–7枚密生于枝顶,革质,长圆状椭圆形或倒披针状椭圆形,长8–13 cm,宽3–3.5 cm,中部以上最宽,先端钝尖,基部楔形或近于圆形,边缘微向下反卷,上面无毛,深绿色,下面有银白色的薄毛被,中脉在上面凹陷,在下面隆起,侧脉约12–14对,在两面仅微现;叶柄圆柱形,长1–1.5 cm,上面平坦,有细沟槽,幼时被毛,后变无毛。顶生总状伞形花序,有花6–9朵;总花轴长1–1.5 cm,有稀疏淡黄色柔毛;花梗长约2 cm,疏生白色丛卷毛;花萼小,5浅裂,有少许短绒毛;花冠钟状,长2.5–3 cm,乳白色或粉红色,5裂,裂片近于圆形,喉部有紫色斑点;雄蕊12–15,花丝基部扁平,长1.2–2.5 cm,不等长,花药椭圆形,长约2 mm,雌蕊与花冠近等长或微伸出于花冠外;子房圆柱状,长约8 mm,被白色短绒毛,花柱无毛,长约1. 8 cm,柱头膨大。蒴果长2–3 cm,直径约6 mm,略弯曲,成熟后有宿存白色短绒毛或无毛。花期4–5月,果期7–8月。

本种在金佛山主要零星分布于北坡的彪水岩、汪家堡和串皮岩等地,生长于海拔1 300–1 650 m的山地沟谷杂木林中。中国特有,四川西部及西南部、贵州西北部及云南东北部也产。模式标本采自四川宝兴。

本种主要特征是除叶背有银白色的毛被以外,花序总轴微被柔毛,花梗有白色丛卷毛,子房被白色短绒毛,花柱无毛,雄蕊花丝基部扁平等。

该物种在本山分布十分稀少,加之当地常作薪柴砍伐和野生花卉挖采,现已近于灭绝,应加强宣传、重点保护和人工抚育。

3. 耳叶杜鹃(别名:大叶杜鹃)

Rhododendron auriculatum Hemsl. in Journ. Linn. Soc. Sci. Bot. 26:20. 1889. 中国高等植物图鉴 3:82. 图 4117. 1974;贵州植物志 3:213. 1990;中国植物志 57(2):41.1994; 湖北植物志 3:276. 2002.

常绿灌木或小乔木,高可达 10 m;树皮灰绿色;幼枝密被长腺毛,老枝无毛。叶芽和花芽长渐尖,长 3.5-5.5 cm,外面鳞片狭长形,长 3.5 cm,先端渐尖,有较长的渐尖的外苞片,无毛。叶革质,长圆形或长圆状披针形,长 9-22 cm,宽 3-7 cm,先端钝圆,有短尖头,基部稍不对称,浅心形,近呈耳状,上面暗绿色,近无毛,中脉凹,下面淡绿色,幼时密被柔毛,老后仅在中脉上有柔毛;叶柄稍粗壮,长 1.8-3 cm,密被腺毛。顶生伞形花序较大,疏松,有花 7-15 朵;总轴长 2-3 cm,密被腺体;花梗长 1.8-3 cm,密被长柄腺体;花萼小,长 2-4 mm,盘状,裂片 6,不整齐,膜质,外面具稀疏的有柄腺体;花冠漏斗形,长 6-10 cm,银白色或浅红色,有香味,筒状部外面有长柄腺体,裂片 7,卵形,开展,长约 2 cm,宽 1. 8 cm;雄蕊 14-16,不等长,花丝纤细,无毛,花药长倒卵圆形;子房椭圆状卵球形,长 6 mm,有肋纹,密被腺体,花柱粗壮,长约 3 cm,密被短柄腺体,柱头盘状,有 8 枚浅裂片,宽 4.2 mm。蒴果长圆柱形,微弯曲,长 3-4 cm,8 室,有腺体残迹。花期 7-9 月,果期 9-10 月。

本种在金佛山主要分布于东坡的铁厂坪和三元林区的天山坪两地,生长于海拔 1 300-1 700 m 的山地杂木林中。中国特有,陕西南部、湖北西部、重庆东北部和贵州东北部也产。模式标本采自湖北巴东。

本种的主要特征是:叶暗绿色,较大,长 9-22 cm,宽可达 6 cm 以上,叶先端有短尖头,基部近呈耳状,叶柄较粗壮,密被腺毛。

由于人为活动和森林砍伐,其生境受到破坏,野外种群数量急剧减少,现已被《中国物种红色名录》列为"易危",现金佛山野生残存量已不多,能开花植株更是十分稀少,故应加强保护和加快人工繁殖,以扩大野生种群数量。

耳叶杜鹃—花枝

耳叶杜鹃—花序

耳叶杜鹃—花

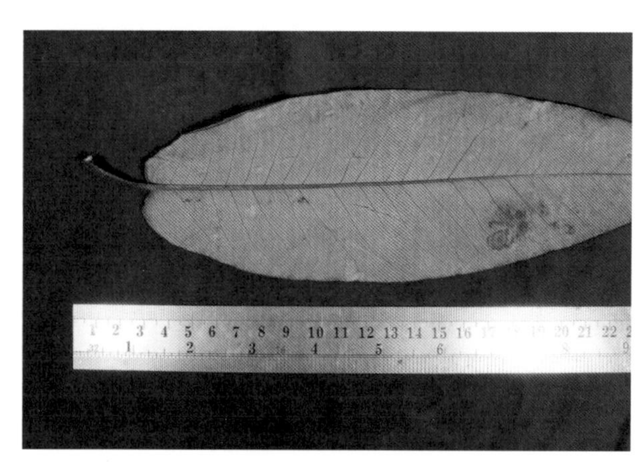

耳叶杜鹃—叶

耳叶杜鹃—果

耳叶杜鹃—花蕾

腺萼马银花—花枝

腺萼马银花—花

腺萼马银花—花序

4. 腺萼马银花(别名:紫花杜鹃)

Rhododendron bachii Lévl. in Fedde, Repert. Spec. Nov. 12:102. 1913;中国高等植物图鉴 3:155. 图 4264. 1974;华南杜鹃花志 70. 图 14. 1983;中国植物志 57(2):344.1994;湖北植物志 3:281. 2002.

Rhododendron hangzhouense Fang et M. Y. He in Bull. Bot. Res. 2(2):81–82. f. 1. 1982.

Rhododendron sanidodeum Tam in Guihaia 3(3):182. 1983.

常绿灌木,高2–3(6) m;小枝灰褐色,被短柔毛和稀疏的腺头刚毛。叶散生,薄革质,幼时红棕色,卵形或卵状椭圆形,长2.5–5.5 cm,宽1.5–2.5 cm,先端急尖,具短尖头,基部宽楔形或近圆形,边缘浅波状,具刚毛状细齿,除上面中脉被短柔毛外,两面均无毛;叶柄长约8 mm,被短柔毛和腺毛。花芽圆锥形,鳞片长圆状倒卵形,外面密被白色短柔毛;花单侧生于上部枝条叶腋;花梗长1–1.6 cm,被短柔毛和腺头毛;花萼5深裂,裂片卵形或倒卵形,钝头,外面被微柔毛,边缘密被短柄腺毛;花冠淡紫色、淡紫红色或淡紫白色,辐状,5深裂,裂片阔倒卵形,上方3裂片内面近基部具深红色斑点和短柔毛;雄蕊5,不等长,花丝扁平,中部以下被微柔毛,花药长圆形;子房密被短柄腺毛,花柱比雄蕊长,微弯曲,伸出于花冠外,无毛。蒴果卵球形,长约7 mm,密被短柄腺毛。花期4–5月,果期6–8月。

本种在金佛山主要分布于东麓的水源和西麓的箐坝及黄泥垭等地,生长于海拔750–1 500 m的山地或沟谷疏林中。中国特有,安徽、浙江、江西、湖北、湖南、广东、广西、重庆、四川和贵州也产。模式标本采自贵州。

本种主要特征:除花为淡紫色外,花萼裂片卵形或倒卵形,边缘密被短柄腺毛,易于区别。

该物种在金佛山丘陵地带较为常见,有一定的种群数量,但主要分布于农耕区,易当薪柴砍伐和野生花卉挖采,故应注意保护。

5. 短梗杜鹃(别名:大映山红)

Rhododendron brachypodum Fang et P. S. Liu in Bull. Bot. Res. 2(2):92. 9. 1982;中国植物志57(1):65. 1999.

半常绿灌木,高2–4 m;幼枝被稀疏微柔毛和腺体,后近于无毛。叶纸质,披针形或长圆状披针形。稀长圆状椭圆形,长7–10 cm,宽2. 5–3 cm,顶端锐尖至渐尖,基部楔形或钝形,上面淡绿色,疏生微柔毛,下面被淡黄色鳞片,鳞片相距为其直径的3–4倍,疏生微柔毛,沿叶脉密被细硬毛;叶柄较短,长5–7 mm,疏生微柔毛。花序顶生3–5朵花,近伞形着生;花梗长0.8–1.4 cm,密被鳞片,疏生腺体;花萼长1–2 mm,环状或有大小不等近于钝形的裂片;花冠漏斗状,长2.5–3 cm,淡紫红色,内侧无毛,外面有稀少的鳞片,裂片椭圆形,长约1.5 cm;雄蕊10,不等长,长2–3 cm,伸出花冠,花丝中部以下有微柔毛,花药紫色;子房密被鳞片,花柱长,伸出花冠外,无毛。蒴果圆筒形,长1.6–1.8 cm。花期3–4月,果期7–8月。

中国重庆金佛山特有,主要分布于北麓的黄草坪及南麓的头渡二郎桥,生长于海拔1 000–1 400 m的山地或沟谷杂木林下。模式标本由重庆市药物种植研究所刘正宇(1339号)于1981年4月6日采自重庆南川金佛山黄草坪。

本种在金佛山与杜鹃(*Rhododendron simsii* Planch.)相近,但本种的幼枝疏生微柔毛和腺体;叶柄较短,疏生微柔毛;叶较大;花冠漏斗状,淡红紫色;花梗较短,密被鳞片,疏生腺体而异。

由于该物种分布十分局限,仅产于重庆南川金佛山,加之种群数量稀少(不足50株),已被《中国物种红色名录》列为“濒危”,应重点加以保护和进行人工抚育,以扩大野生种群数量。

短梗杜鹃—花枝

短梗杜鹃—花序

短梗杜鹃—花

短梗杜鹃—叶芽

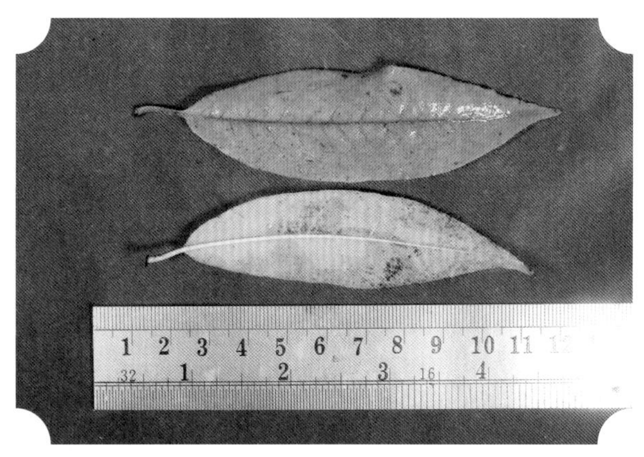

短梗杜鹃—叶

美容杜鹃—花枝

美容杜鹃—花序

美容杜鹃—花

美容杜鹃—果

6. 美容杜鹃(别名:枇杷叶杜鹃、美丽杜鹃)

Rhododendron calophytum Franch. in Bull. Soc. France, 33: 230. 1886;中国高等植物图鉴 3: 110. 图 4173. 1974;峨眉山杜鹃花 5, 图 2. 1986;中国四川杜鹃花 38–40. 1986;云南植物志 4: 363. 1986;贵州植物志 3: 223. 1990;中国植物志 57(2): 10.1994.

常绿乔木,高 5–12 m;树皮黄灰色或棕褐色,片状剥落;幼枝粗壮,绿色或略带紫色,被白色绒毛,不久脱净。冬芽顶生,阔卵圆形,近于无毛。叶厚革质,长圆状倒披针形或长圆状披针形,长 17–30 cm,宽 4–8 cm,先端突尖成钝圆形,基部渐狭成楔形,边缘微反卷,上面亮绿色,无毛,下面淡绿色,幼时有白色绒毛,不久变为无毛,中脉在上面凹陷,下面明显凸出,无毛或稀具白色绒毛,侧脉 18–22 对;叶柄粗壮,长 2–3 cm,无毛。顶生总状伞形花序,有花 15–20 朵;总轴被黄褐色细毛;花梗粗壮,长 3–6.5 cm,红色;苞片黄白色,先端短渐尖,被有白色绢状细毛;花萼小,裂片 5,宽三角形,无毛;花冠阔钟形,长 4.5–6 cm,红色或粉红色至白色,基部略膨大,内面基部上方有 1 枚紫红色斑块,裂片 5–7,不整齐,有明显的缺刻;雄蕊 15–22,不等长,花丝白色,基部有少数微柔毛,花药长圆形,黄褐色;子房圆屋顶形,绿色,长 6 mm,无毛,花柱粗壮,长约 3 cm,淡黄绿色,无毛,柱头大,盘状,绿色。蒴果长圆柱形至长圆状椭圆形,长 2–4.5 cm,有肋纹,花柱宿存。花期 4–5 月,果期 8–9 月。

本种在金佛山主要分布于金山、柏枝山、箐坝山,生于海拔 1 600–2 150 m 的山地杂木林中。中国特有,陕西南部、甘肃东南部、湖北西部、四川西部及北部、贵州中部及北部、云南东北部也产。模式标本采自四川宝兴。

本种的形态特征主要是叶似枇杷叶,但是远较枇杷叶宽大,花梗粗壮较长,呈红色,花大,红色或粉红色至白色,有花 15–30 朵以上,花柱宿存等,易于区别。

本种为金佛山主要乔木型杜鹃花之一,约十万株以上,在山腰和山顶杂木林中均为常见。

美容杜鹃—生境

7. 金佛山美容杜鹃(别名:金山美丽杜鹃)

Rhododendron calophytum Franch. var. *jingfuense* Fang et W.K.Hu in Bull.Bot. Res.8(3):56.P1.6.1988;中国植物志 57(2):12.1994.

Rhododendron calophytum Franch.ssp.*jinfuense* Fang in Act.Phytotax.Sin.26: 68.1988.

常绿灌木或小乔木,高3–6 m;树皮棕褐色,片状剥落;幼枝粗壮,绿色,被白色绒毛,不久脱净。叶厚革质,长圆状披针形,长10–14 cm,宽3–4 cm,先端急尖,基部楔形,边缘微反卷,上面亮绿色,无毛,下面淡绿色,幼时有白色绒毛,中脉在上面凹陷,下面明显凸出,无毛或稀具白色绒毛;叶柄粗壮,长1.5–2 cm,无毛。顶生短总状伞形花序,有花8–15朵;花梗短而粗壮,长2–2.5 cm,无毛;花萼小,长约1.5 mm,无毛,裂片5,宽三角形;花冠阔钟形,较小,紫红色,内面基部上方有1枚紫色斑块,裂片5,不整齐,有明显的缺刻;雄蕊15–22,不等长,花丝白色,基部有少数微柔毛,花药长圆形,黄褐色;子房圆屋顶形,绿色,无毛,花柱粗壮,长约3 cm,淡黄绿色,无毛,柱头大,盘状,绿色,宽约6.5 mm。蒴果长圆柱形,长2–4.5 cm,有肋纹,花柱宿存。花期4–5月,果期8–9月。

中国重庆金佛山特有,仅分布于该山最高峰风吹岭,生长于海拔2 230–2 250 m的山顶灌木丛中。模式标本(3159号)由重庆市药物种植研究所谭仕贤、刘正宇于1982年4月23日采自南川金佛山风吹岭。

本变种与原变种美容杜鹃(*Rhododendron calophytum* Franch.)的区别在于:本变种叶较小,长10–14 cm,宽3–4 cm;花较小,花冠紫红色,裂片5;花梗较短而粗壮,长2–2.5 cm。

金佛山美容杜鹃是全世界所有杜鹃花属种群数量最少的物种之一,据重庆市药物种植研究所近年调查,现存开花植株不足10株,已近于绝灭,应重点加以保护和尽快进行人工抚育抢救。

金佛山美容杜鹃—花枝

金佛山美容杜鹃—雄蕊及子房

金佛山美容杜鹃—花序

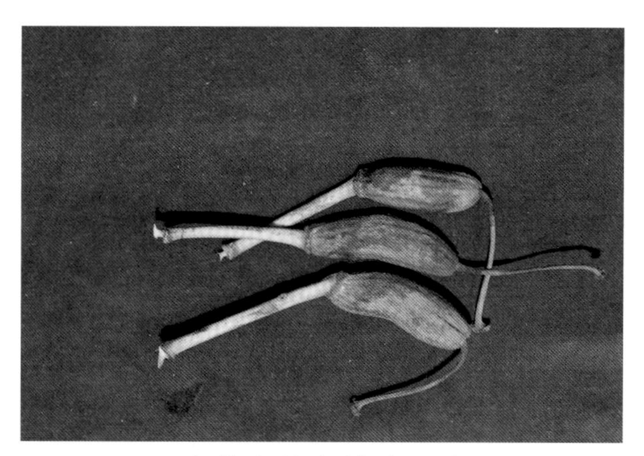

金佛山美容杜鹃—果

金佛山美容杜鹃—果序列

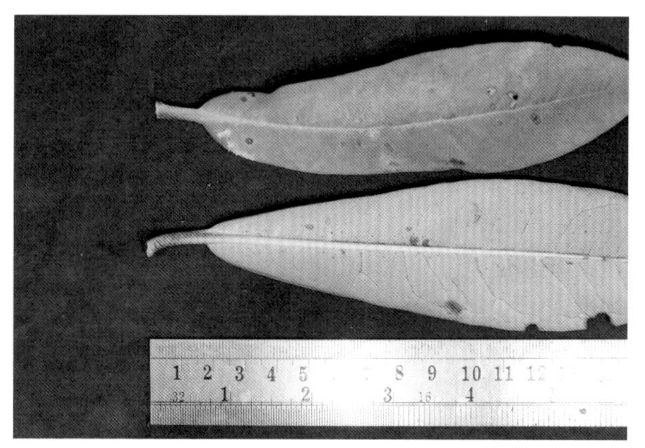

金佛山美容杜鹃—叶

金佛山美容杜鹃—叶芽

疏花美容杜鹃—花序

疏花美容杜鹃—花

疏花美容杜鹃—果序

疏花美容杜鹃—果

疏花美容杜鹃—叶面

疏花美容杜鹃—叶背

8. 疏花美容杜鹃(别名:少花枇杷叶杜鹃)

Rhododendron calophytum Franch. var. *pauciflorum* W.K.Hu in Act.Phytotax. Sin.26:304.f.4.1988;中国四川杜鹃花44–46.1986;中国植物志57(2):12.1994.

常绿乔木,高5–8 m;树皮黄灰色或棕褐色,片状剥落;小枝绿色或带紫色,幼时被白色绒毛。叶厚,革质,宽倒披针形至长圆形,长15–18 cm,宽7–8 cm,先端短渐尖;基部楔形,边缘微反卷,上面亮绿色,无毛,下面淡绿色,中脉在上面凹陷,下面明显凸出,无毛或稀具白色绒毛;叶柄粗壮,长约2 cm,无毛。顶生短总状伞形花序,花少,仅有花3–7朵;总轴较短,长约1 cm,被黄褐色细毛;花梗粗壮,长3–6.5 cm,红色,无毛;花萼裂片5,长约1.5 mm,无毛,宽三角形;花冠碗状钟形,裂片5,玫瑰红色或粉红色,基部略膨大,内面基部上方有1枚紫红色斑块,裂片5,不整齐,长2–2.5 cm,宽2.3–3 cm;雄蕊15–25,不等长,花丝白色,基部有少数微柔毛,花药长圆形,黄褐色;子房圆屋顶形,绿色,无毛,花柱粗壮,长约3 cm,淡黄绿色,无毛,柱头大,盘状,绿色。蒴果长圆柱形至长圆状椭圆形,长3–4.5 cm,有肋纹,花柱宿存。花期4–5月,果期8–9月。

中国重庆金佛山特有,主要分布于该山山顶的大绿池、金佛寺和黄柏趟等地,生长于海拔1 800–2 100 m的亚高山常绿阔叶林中。模式标本(74353号)由重庆市药物种植研究所谭仕贤等于1974年5月采自南川金佛山的金佛寺。

本变种与原变种美容杜鹃(*Rhododendron calophytum* Franch.)的区别在于:本种叶为宽倒披针形至长圆形,先端短渐尖,总轴较短,长仅1 cm,花少,仅有花3–7朵,花冠碗状钟形,裂片5。

本变种在该山虽有一定的种群数量,但分布十分狭窄,加之常与金佛山方竹[*Chimonobabusa utilis*(Keng)Keng f.]等竹类共生,易在采笋时损坏,故应加强宣传,重点保护和进行人工抚育。

9. 树枫杜鹃(别名:岩黄花杜鹃)

Rhododendron changii(Fang) Fang in Act.Phytotax.Sin.21:465.1:1.1983;中国植物志 57(1):37.1999.

Rhododendron valentinianum Forrest ex Hutch.var.*changii* Fang in Contr.Biol. Lab.Sci.Soc.China Bot.12:71.1939.

常绿灌木,高 1–1.5 m;枝略呈圆柱状,幼枝略带紫色,有细刚毛,老茎紫红色。叶通常聚生枝顶,厚革质,长圆状椭圆形或近于长圆形,长 3–4.5(–5.5) cm,宽 2–2.5(3) cm,顶端和基部近圆形,边缘干后微向背面卷,密具缘毛,上面暗绿色,无鳞片,下面灰绿色,密被鳞片,鳞片近于邻接,侧脉在两面不显;叶柄长 3 mm 或近于无柄,有刚毛和鳞片。花序顶生,有 2–4 朵花,伞形着生;花梗长 5–8 mm,被鳞片,无毛;花萼裂片长圆状卵形,外面被鳞片,无缘毛;花冠漏斗状钟形,长 3.5–4 cm,黄绿色,外面被鳞片,筒部长 1.8–2 cm,裂片近圆形,长 1.5–2 cm;雄蕊 10,近与花冠等长或较短,花丝下部 2/3 被白色微柔毛;子房 5 室,密被鳞片,花柱长 4–4.5 cm,无毛。蒴果长圆状卵球形,长 1.2–1.5 cm。花期 4–5 月,果期 8–9 月。

中国重庆金佛山特有,仅分布于该山的金山和柏枝山两地,生长于海拔 1 800–2 200 m 的石灰岩山地常绿阔叶林中的岩石上。模式标本(果)由南川人章树枫于 1929 年 9 月采自该山西坡的老梯子。

本种是世界著名的杜鹃花专家方文培教授为纪念模式标本的采集者章树枫而命名的。其形态特征较为特殊,老茎紫红色,叶厚革质,长圆状椭圆形或近于长圆形,边缘密被缘毛,花为黄绿色,外被鳞片而易于区别。

由于该物种地理分布非常狭窄,仅产于重庆南川金佛山。其生境十分特殊,野外种群数量小于 1 000 株,已被《中国物种红色名录》列为"濒危",故应重点保护和加快人工抚育抢救。

树枫杜鹃—花

树枫杜鹃—花

树枫杜鹃—叶

树枫杜鹃—花枝

树枫杜鹃—果

树枫杜鹃—雄蕊及子房

粗脉杜鹃—花蕾

粗脉杜鹃—植株

粗脉杜鹃—花

粗脉杜鹃—花序

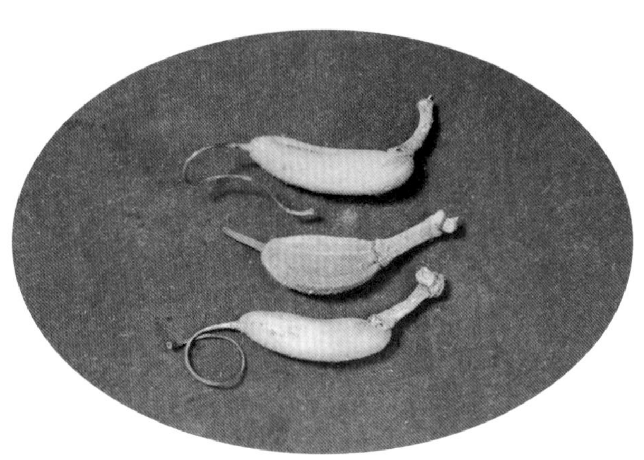

粗脉杜鹃—果

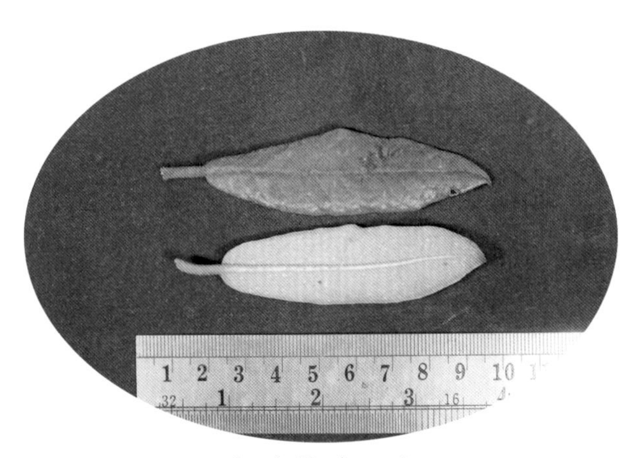

粗脉杜鹃—叶

10. 粗脉杜鹃(别名:麻叶杜鹃、小枇杷叶杜鹃)

Rhododendron coeloneurum Diels in Bot.Jahrb.29:513.1900;中国高等植物图鉴 3:139,图 4231.1974;中国四川杜鹃花 140–141.1986;中国植物志 57(2):207.1994.

常绿乔木,高5–15 m;枝条细长,幼时密被红棕色绒毛,老枝黑灰色,无毛。叶革质,长圆状披针形至长圆状椭圆形,长6–12 cm,宽2.5–4 cm,先端钝尖或渐尖,基部楔形,边缘全缘稍外卷,上面深绿色,无毛,有时可见幼时毛被残迹,中脉、侧脉和网脉明显凹入而成泡状粗皱纹,侧脉10–14对,下面有两层毛被,上层毛被厚,红棕色,由星状分枝毛组成,易脱落,下层毛被紧贴,灰白色,由具短柄多少粘结的丛卷毛组成;叶柄长1–2 cm,密被棕色绒毛。顶生伞形花序,有花6–9(–15)朵,总轴短,长约3 mm,密被红棕色绒毛;花梗长1–1.5 cm,密被棕色绒毛;花萼5裂,裂片三角形,密被绒毛;花冠漏斗状钟形,长4–4.5 cm,粉红色至紫红色,筒部上方具紫色斑点,内面近基部被白色微柔毛,裂片5,扁圆形或宽卵形,稍不等长,顶端微缺;雄蕊10,不等长,花丝向下扩展,基部密被白色微柔毛,花药椭圆形,黑褐色,长3–3.5 mm,雌蕊与花冠等长或稍超过;子房长卵圆形,长6 mm,密被黄白色绒毛,花柱无毛,极稀基部被微毛,柱头头状。蒴果绿色,圆柱状,直立,基部略倾斜,长2–2.5 cm,直径6–9 mm,密被灰色毛。花期4–6月,果期7–10月。

本种在金佛山主要分布于金山、柏枝山和箐坝山等地,生长于海拔1 450–2 100 m的亚高山常绿阔叶林中。中国西南特有,四川东南部、贵州东南部和北部、云南东北部也产。模式标本由奥地利人罗斯特恩(Rosthorn)于1891年5月采自重庆南川金佛山。

本种树干通直,上部多分枝,叶通常呈长圆状披针形至长圆状椭圆形,上面呈泡状粗皱纹,下面毛被两层,上层毛被厚,红棕色,成长后,多少脱落,花粉红色或淡紫色,花冠长4–4.5 cm,易于区别。

本种是金佛山最常见、种群数量最多的三种乔木型杜鹃之一。但由于人为活动和森林砍伐,在四川雷波、天全等地原生境已由人工林所取代,其生长、更新受到严重影响,野外种群数量减少,已被《中国物种红色名录》列为"易危"。

粗脉杜鹃—生境

11.大白杜鹃(别名:大白花杜鹃)

Rhododendron decorum Franch.in Bull.Soc.Bot.France 33:230.1886;中国高等植物图鉴 3:101.图 4155.1974;云南植物志 4:364.1986;峨眉山杜鹃花 42.图 13.1986;中国四川植物花 24–25.1986;中国植物志 57(2):16.1994.

Rhododendron franchetianum Lóvl.in Bull.Soc.Agric.Sarthe 39:45.1903.

常绿灌木或小乔木,高 3–5 m,稀达 6–7 m;树皮灰褐色或灰白色;幼枝绿色,被白粉,无毛,老枝褐色。叶厚革质,长圆形或长圆状椭圆形,长 5–17 cm,宽 3–6 cm,先端钝或圆,具小尖头,基部楔形或钝,稀近于圆形,无毛,边缘反卷,上面暗绿色,下面白绿色,中脉在上面稍凹陷,黄绿色,下面凸出,侧脉约 18 对,在上面微凹入,下面稍凸起;叶柄圆柱形,长 1.2–3 cm,黄绿色,无毛。顶生总状伞房花序,有花 8–10 朵,有香味;总轴长 2–2.5 cm,淡红绿色,有稀疏的白色腺体;花梗粗壮,长 2.5–3.5 cm,淡绿带紫红色,具白色有柄腺体;花萼小,浅碟形,长 1.5–2.3 mm,裂齿 5,不整齐;花冠宽漏斗状钟形,变化大,长 3–5 cm,直径 5–7 cm,白色,内面基部有白色微柔毛,外面有稀少的白色腺体,裂片 6–8,近于圆形,长约 2 cm,宽 2.4 cm,顶端有缺刻;雄蕊 12–16(17),不等长,长 2–3 cm,花丝基部有白色微柔毛,花药长圆形,白色至浅褐色,长约 3 mm;子房长圆柱形,淡绿色,密被白色有柄腺体;花柱淡白绿色,被白色短柄腺体,柱头大,头状,黄绿色。蒴果长圆柱形,长 2.5–4 cm,微弯曲,黄绿色至褐色,肋纹明显,有腺体残迹。花期 5–6 月,果期 8–10 月。

本种在金佛山主要分布于北麓的黄草坪、汪家堡和西麓的兰花、八角等地,生长于海拔 1 200–1 600 m 的山地灌丛中或杂木林下。我国四川西部至西南部、贵州西部、云南西北部和西藏东南部也产;缅甸东北部也有分布。模式标本采自四川宝兴。

该种形态特征主要是:植株较为高大,叶革质,光滑无毛;花大(直径 5–7 cm),白色而具浓香味。

本种在金佛山地区虽较为常见,但由于主要生长在农耕区,易当薪柴砍伐和野生花卉挖采,故应注意保护。

大白杜鹃—生境

大白杜鹃—结果植株

大白杜鹃—花枝

大白杜鹃—花

大白杜鹃—叶芽

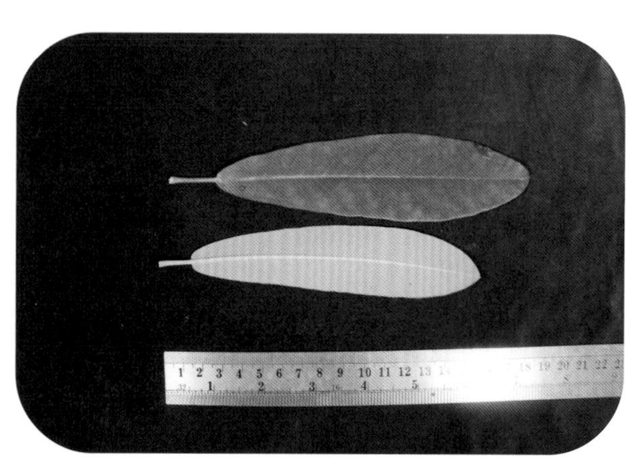

大白杜鹃—叶

小头大白杜鹃—植株

小头大白杜鹃—花枝

小头大白杜鹃—花序

12. 小头大白杜鹃(别名:香花杜鹃)

Rhododendron decorum Franch.ssp. *parvistigmaticum* W.K.Hu in Bull.Bot.Res.8(3):57.PI.8.1988;中国植物志57(2):19.1994.

常绿乔木,高5−8 m;树皮灰褐色;幼枝绿色,无毛,老枝褐色。冬芽顶生,卵圆形,无毛。叶革质,长圆形、长圆状椭圆形至长圆状倒卵形,长7−15 cm,宽2.5−5.5 cm,先端钝有小尖头,或短渐尖,基部楔形或钝形,无毛,边缘反卷,上面暗绿色,下面淡绿色,中脉在上面稍凹陷,黄绿色,下面凸出,侧脉在上面微凹陷,下面稍凸起;叶柄圆柱形,长1.2−2.5 cm,黄绿色,无毛。顶生总状伞房花序,有花6−12朵,有浓香味;总轴长2−2.5 cm,有稀疏的白色腺体;花梗长2.5−4 cm,淡绿带紫红色,具白色有柄腺体;花萼裂齿5,不整齐;花冠宽漏斗状钟形,长3−5 cm,直径5−7 cm,白色,内面基部有白色微柔毛,外面有稀少的白色腺体,裂片7−8,近于圆形,顶端无缺刻;雄蕊13−16(17),不等长,长2−3 cm,花丝基部有白色微柔毛,花药长圆形,白色至浅褐色,长约3 mm;子房长圆柱形,淡绿色,长约6 mm,密被白色有柄腺体,花柱淡白绿色,长3.4−4 cm,通体有白色短柄腺体,柱头小,宽仅约2 mm。蒴果长圆柱形,长2.5−4 cm,微弯曲,直径1−1.5 cm,黄绿色至褐色,肋纹明显,有腺体残迹。花期6−7月,果期9−10月。

本种在金佛山主要分布于东坡的天山坪、铁厂坪和串皮岩及北坡的石笋、大垭等地,生长于海拔1 450−2 100 m的山地常绿阔叶林中。中国西南特有,仅产于四川雷波和重庆南川两地。模式标本采自四川雷波。

本亚种与原亚种大白杜鹃(*Rhododendron decorum* Franch.)的区别在于:本种花冠裂片无缺刻;柱头小,宽仅约2 mm;叶片先端钝有小尖头,或短渐尖;花梗长2.5−4 cm。

该种由于分布区域十分狭窄,原生境现多被人工林所取代,自然更新困难,加之植株形态美观,花大而洁白,并具浓香味,易遭挖采,其野外种群数量急剧下降,故应重点保护和进行人工抚育抢救。

小头大白杜鹃—果

小头大白杜鹃—叶背

13. 马缨杜鹃(别名:马缨花)

Rhododendron delavayi Franch.in Bull.Soc.Bot.France 33:231.1886;中国高等植物图鉴3:89.图4131.1974;云南植物志4:367.1986;贵州植物志3:215.1990;中国植物志57(2):173.1994.

Rhododendron pilovittatum Balf.f.et W.W.Smith in Not.Bot.Gard.Edinb.10:134.1917.

常绿灌木或小乔木,高2.5−7(12) m。树皮淡灰褐色,薄片状剥落;幼枝被白色绒毛,后变为无毛。叶革质,长圆状披针形,长7−16 cm,宽1.5−3.5 cm,先端钝尖或急尖,基部楔形,边缘反卷,上面深绿色至淡绿色,下面有白色至灰色或淡褐色海绵状毛被,中脉在上面凹陷,下面凸出,近于无毛;叶柄圆柱形,长0.7−2 cm,后变为无毛。顶生伞形花序,有花10−20朵;总轴长约1 cm,密被红棕色绒毛;花梗长0.8−1 cm,密被淡褐色绒毛;花萼小,长约2 mm,外面有绒毛和腺体,裂片5,宽三角形;花冠钟形,深红色,长4−5 cm,内面基部有5枚暗红色密腺囊,裂片5,近于圆形,顶端有缺刻;雄蕊10,不等长,花柱无毛,花药长圆形,长2−2.8 mm;子房圆锥形,长4−7 mm,密被红棕色毛,花柱长约3 cm,无毛,柱头头状。蒴果圆柱形,黑褐色,长1.8−2 cm,直径约8 mm,10室,有肋纹及毛被残迹。花期3−5月,果期8−10月。

本种叶背被海绵状厚毡毛,顶生伞形花序,花多而紧密(有花10−20朵),花冠深红色,内面基部有5枚暗红色腺囊,易于区别。

本种在金佛山西麓的天星沟和三汇场有引种栽培。原产广西西北部、四川西南部及贵州西部、云南全省和西藏南部。生长于海拔1 200−3 200 m的常绿阔叶林或灌木丛中。另越南北部、泰国、缅甸和印度东北部也有分布。模式标本采自云南鹤庆。

马缨杜鹃—叶面

马缨杜鹃—叶背

马缨杜鹃—植株

马缨杜鹃—花枝

马缨杜鹃—花序

马缨杜鹃—花

树生杜鹃—生境

树生杜鹃—寄生于大树上

树生杜鹃—全株

树生杜鹃—花序

14. 树生杜鹃(别名:附生杜鹃)

Rhododendron dendrocharis Franch.in Bull.Soc.Bot.France, 33: 233.1886; 中国高等植物图鉴3:45.1974;中国四川杜鹃花188.1986;中国植物志57(1):52.1999.

常绿灌木,通常附生于大树上,高50–70 cm;分枝细短,密集,幼枝绿色,有鳞片,并密生棕色刚毛。叶厚革质,椭圆形,长0.5–2 cm,宽0.5–1 cm,顶端钝,有短尖头,基部宽楔形至钝形,边缘反卷,上面幼时有褐色刚毛,后脱落,下面密被褐色鳞片;叶柄长3–6 mm,被鳞片和刚毛。花序顶生,1或2花伞形着生;花梗长2–5 mm,密被刚毛和鳞片;花萼5裂,裂片卵形,长2–3 mm,外面疏生鳞片,边缘有长缘毛;花冠宽漏斗状,长1.5–2.5 cm,鲜玫瑰红色,外面无毛,内面筒部有短柔毛,上部有深红色斑点;雄蕊10,短于花冠,花丝中部以下密被短柔毛;子房5室,密被鳞片,花柱短于花冠,短于或略长于雄蕊,基部密生短柔毛。蒴果椭圆形或长圆形,长1–1.3 cm。花期4–6月,果期9–10月。

本种在金佛山仅分布于南麓的柏枝山三合坝,常附生在海拔2 050–2 200 m的扁刺栲(*Castanopsis platyacantha* Rehd.et Wils.)大树上。中国西南部特有,四川、云南、西藏也有分布。模式标本采自四川宝兴。

由于本物种数量较少,多附生于其他乔木树上,自然更新力极弱,加之近年人为活动的加剧,分布区原生境多已被人工林取代,现已被《中国物种红色名录》列为“易危”,被《中国植物红皮书(第二批)》列为国家二级野生重点保护植物。该物种在金佛山的现残存量已十分稀少,已有近30年未在本山再采到植物标本,是否在该山“绝灭”,亟待进一步考察。

树生杜鹃—花

树生杜鹃—花枝

15. 云锦杜鹃(别名:高山杜鹃)

Rhododendron fortunei Lindl.in Gard.Chron.868.1859:中国高等植物图鉴3:102.图4158,1974;华南杜鹃花志24.1983;中国植物志57(2):30.1994.

常绿灌木或小乔木,高3-10 m;主干常弯曲,树皮褐色,片状开裂;幼枝黄绿色,初具腺体,老枝粗壮,灰褐色。叶厚革质,簇生小枝上部,长圆形至长圆状椭圆形,长7-15 cm,宽3-6 cm,先端钝至近圆形,稀急尖,基部圆形至浅心形,表面深绿色,有光泽,背面淡绿色,在放大镜下可见略有小毛,中脉在上面微凹陷,下面凸起,侧脉在上面稍凹入,下面平坦;叶柄圆柱形,长1.3-3.5 cm,淡黄绿色,有稀疏的腺体。顶生总状伞形花序,有花5-12朵,有淡香味;总轴长3-5 cm,淡绿色,具腺体;花梗长2-3 cm,淡绿色,疏被短柄腺体;花萼小,稍肥厚,边缘有浅裂片7,具腺体;花冠漏斗状钟形,长4-5 cm,粉红色,外面有稀疏腺体,裂片7,阔卵形,顶端圆形或波状;雄蕊14-16,不等长,花丝白色,无毛,花药长椭圆形,黄色;子房圆锥形,10室,淡绿色,密被腺体,花柱疏被白色腺体,柱头小,头状。蒴果长圆形至长圆状椭圆形,长2-3.5 cm,褐色,有肋纹及腺体残迹。花期4-5月,果期8-10月。

本种在金佛山主要分布于东麓三元林区的天山坪和大佛岩,零星生长于海拔1 450-1 800 m的山地林缘或山脊向阳处。中国特有,陕西、湖北、湖南、河南、安徽、浙江、江西、福建、广东、广西、重庆、四川、贵州及云南东北部也产。模式标本采自浙江宁波附近,系栽培植物。

本物种在金佛山分布地域窄,数量少,加之原生境已被人工林所取代,自然更新困难,已近于"濒危",应加强保护和进行人工抚育,以免在该山"灭绝"。

云锦杜鹃—幼果

云锦杜鹃—叶面

川南杜鹃—叶芽

川南杜鹃—花枝

川南杜鹃—果枝

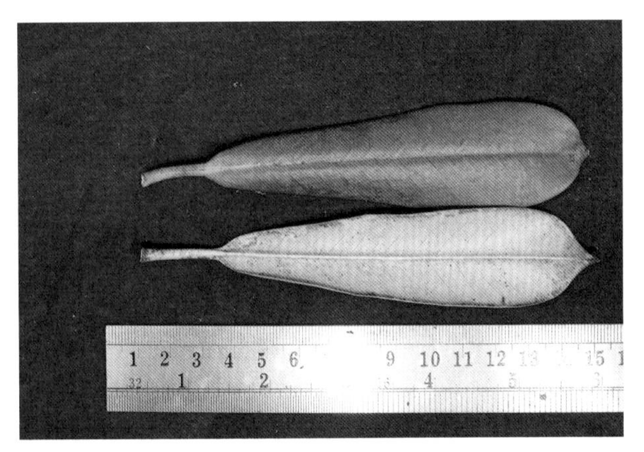

川南杜鹃—叶

川南杜鹃—花序

16. 川南杜鹃(别名:凉山杜鹃、南川杜鹃)

Rhododendron sparsifolium Fang in Contr.Lab.Sci.Soc.China Bot.12: 38.1939; 中国四川杜鹃花17-19.1986;云南植物志4:367.1986;贵州植物志3:217.1990; 中国植物志57(2):40.1994.

常绿乔木,高5-12(15) m;树皮红褐色;幼枝较粗壮,淡绿色,无毛;老枝淡紫红色,有明显的叶痕。叶革质,倒披针形或长圆状披针形,长7-16 cm,宽3-4 cm,有小尖头,基部楔形,上面绿色,下面灰绿色,无毛,中脉在上面凹陷,下面凸出,侧脉16-20对;叶柄近于圆柱形,长1.3-2.5 cm,近于无毛。总状花序顶生,有花6-13朵;总轴长2-3.5 cm,淡绿色,近于无毛;花梗长3-4.2 cm,淡紫红色或绿色,无毛;花萼大,紫红色,裂片7,圆形或阔卵形;花冠宽钟形,长3-4 cm,直径4-4.5 cm,紫丁香色或淡紫色及紫红色,无毛,裂片6-7,顶端无缺刻;雄蕊12-14,不等长,花丝白色,无毛,花药椭圆形,褐色;子房圆锥形,7室,密被白色短柄腺体,花柱长约2.1 cm,通体被白色短柄腺体,柱头头状,宽约2.5 mm。蒴果长圆柱形,微弯曲,暗绿色,长1.5-3 cm,有肋纹及残存的腺体,花萼宿存,反折。花期6-7月,果期9-10月。

本种在金佛山主要分布于南麓的石猫梁子和山顶凤凰寺附近,生长于海拔1 750-2 100 m的亚高山常绿阔叶林中。中国西南部特有,四川西部和东南部、贵州东北部及云南东北部也产。模式标本采自四川马边。

由于本种地理分布较窄,仅在西南地区的少数地区有分布,分布点不足5个,加之原产区长期把该物种作为薪柴砍伐,野外种群数量急剧下降,现已被《中国物种红色名录》列为“近危”。金佛山野外虽还保存有一定种群数量,但该物种常与金佛山方竹[*Chimonobabusa utilis*(Keng) Keng.f.]共生,易在采笋时作薪柴砍伐,故应加强保护,进行人工抚育,从而扩大野生种群数。

川南杜鹃—生境

17. 粉白杜鹃(别名:白背杜鹃)

Rhododendron hypoglaucum Hemsl.in Journ.Linn.Soc.Bot.26:25.1889;中国高等植物图鉴 3:118.图 4189.1974;中国植物志 57(2):166.1994;湖北植物志 3.277.2002.

Rhododendron argyrophyllum Franch.ssp.*hypoglaucum*(Hemsl.) chamb.ex Cullen et Chamb.in Not.Bot.Gard.Edinb.37:329.1979.

常绿灌木或小乔木,高约3.5−7(10)m;树皮灰白色,有裂纹及层状剥落;幼枝淡绿色,光滑无毛。叶革质,常4−7枚密生于枝顶,椭圆状披针形或倒卵状披针形。长5−12 cm,宽2−3.5 cm,先端急尖,有短尖尾,基部楔形,边缘质薄向下反卷,上面亮绿色,光滑无毛,下面被银白色薄层毛被,紧贴而有光泽,中脉在上面微下陷,呈浅沟纹,在下面显著隆起,侧脉10−14对,在两面均不明显;叶柄长1−2 cm,无毛。短总状伞形花序,有花4−9朵;总轴长0.5−1.5 cm;花梗长2−3 cm,淡红色,无毛;花萼5裂,萼片膜质,卵状三角形;花冠乳白色,稀粉红色,漏斗状钟形,长2.5−3.5 cm,管口直径约3 cm,基部狭窄,有深红色至紫红色斑点,5裂,裂片近圆形,顶端微凹缺;雄蕊10,不等长,有开展的白色绒毛;花药卵圆形,黄色;子房圆柱状,长4−5 mm,无毛或仅顶端有少许腺毛,花柱长2−2.5 cm,无毛,柱头微膨大。蒴果圆柱形,长2−2.5 cm,无毛,成熟后常6瓣开裂。花期4−5月,果期7−9月。

本种在金佛山主要分布于东麓的三元林区和大佛岩,生长于海拔1 400−1 850 m的山脊灌丛中。中国特有,陕西南部、湖北西部、重庆东北部也产。模式标本采自湖北巴东。

本种与银叶杜鹃 *Rhododendron argyrophyllum* Franch.相近,但是本种叶片为椭圆状披针形或倒卵状披针形,先端急尖,下面有银白色薄层毛被,紧贴而有光泽;花冠漏斗状钟形,管口直径3 cm,子房无毛或仅顶端有少许腺毛等,较易于区别。

该物种在金佛山分布的种群数量稀少,据重庆市药物种植研究所近年调查,本山能开花的植株现存不超过50株,故应注意保护和进行人工抚育。

粉白杜鹃—花

粉白杜鹃—花枝

粉白杜鹃—叶背

粉白杜鹃—果序

皋月杜鹃—植株

皋月杜鹃(白花类型)

皋月杜鹃—花

18. 皋月杜鹃(别名:西洋杜鹃)

Rhododendron indicum(Linn.) Sweet in Brit.Fl.Gard.Ser.2(2):Sub t.128.1833;华南杜鹃花志51.图6-2.1983;中国植物志57(2):404.1994.

Rhododendron decumbens D.Don apud G.Don.Gen.Syst.3:846.1834.

半常绿灌木,高0.7-1.4(2) m;分枝多,小枝坚硬,初时密被红褐色糙伏毛,后近于无毛。叶集生枝端,近于革质,狭披针形或倒披针形,长1.5-3.5(4) cm,先端钝尖,基部狭楔形,边缘疏具细圆齿状锯齿,上面深绿色,有光泽,疏被糙伏毛,下面苍白色,中脉在上面凹陷,下面凸出,侧脉在下面微明显,两面散生红褐色糙伏毛;叶柄较短,被红褐色糙伏毛。花1-3朵生枝顶;花梗被白色糙伏毛;花萼5裂,裂片椭圆状卵形或近于圆形,外面及边缘被白色柔毛;花冠鲜红色或玫瑰红色,阔漏斗形,长3-4 cm,直径3.7 cm,稀达6 cm,裂片5,内具深红色斑点;雄蕊5,比花冠短,花丝淡红色,中部以下被微柔毛,花药深紫褐色,基部具细尖头;子房长约3.5 mm,密被亮褐色糙伏毛,花柱比雄蕊长,无毛。蒴果长圆状卵球形,长6-8 mm,密被红褐色平贴糙伏毛。花期5-6月,果期8-9月。

本种与杜鹃(*Rhododendron simsii* Planch.)相近,不同在于本种的雄蕊为5,叶缘具细圆齿状锯齿,易于区别。

金佛山北麓的三泉镇和南麓的金山镇等地引种栽培。原产印度,现我国各地广为栽培。

皋月杜鹃—叶芽　　皋月杜鹃—叶

19. 不凡杜鹃

Rhododendron insigne Hemsl.et Wils.in Kew Bull.Misc.Infom.1910: 113.1910; 中国高等植物图鉴 3: 120. 图 4193.1974; 云南植物志 4: 385.1986; 中国植物志 57(2): 149.1994.

常绿灌木或小乔木,高3–6(8) m;枝条粗壮,幼时被灰色毛或薄毛,后脱落至无毛。叶厚革质,长圆状披针形或倒卵状披针形,长7–13 cm,宽2.5–4.5 cm,先端渐尖或锐尖,基部楔形,上面深绿色,无毛,下面被银白色的薄毛被,干后呈棕黄色或古铜色,有光泽,中脉在上面下陷呈细沟纹,在下面显著隆起,侧脉14–21对,在上面微下陷,在下面微凸起;叶柄粗壮,长1.2–2.5 cm。总状伞形花序,有花8–12(15)朵;总花轴长约1.5 cm,无毛;花梗粗壮,长3–5 cm,淡红色,被疏毛;花萼小,杯状,有5齿裂;花冠宽钟状,长3–3.5 cm,粉红色或红色,内部有深红色斑点及条纹,5裂,裂片近于圆形,顶端常有凹缺;雄蕊10–15,不等长,长仅1.5–2.5 cm,花丝下部被白色长柔毛,花药长圆形,长约2 mm;子房圆柱状,长约7 mm,被白色绵毛,花柱长约2 cm,无毛,柱头膨大成头状。蒴果圆柱状,长约2.5 cm,粗约1 cm,微弯曲,8–10室,密被淡黄色绒毛。花期4–5月,果期8–10月。

本种在金佛山仅分布于西麓的柏枝山,生长于海拔1 600–1 900 m的山谷杂木林中。中国西南部特有,四川西南部、贵州西北部和云南东北部也产。模式标本采自四川荥经(瓦山)。

本种叶厚革质,叶背被银白色紧贴的薄毛被,干后呈棕黄色或古铜色,并有光泽,花冠红色,内有深红色斑点,雄蕊10–15,子房被白色绵毛等,易于区别。

该物种在金佛山分布甚少,现仅知柏枝山一个分布点,加之主要与金佛山方竹[*Chimonobabusa utilis*(Keng)Keng.f.]共生,易在采竹笋时损坏,故应加强重点保护和开展人工抚育抢救。

不凡杜鹃—花枝

不凡杜鹃—花

鹿角杜鹃—花

鹿角杜鹃—果

20. 鹿角杜鹃(别名:岩杜鹃)

Rhododendron latoucheae Franch.in Bull.Soc.Bot.France, 46: 210.1899; 中国高等植物图鉴3:159,图4271.1974;华南杜鹃花志,75.1983;中国植物志.57(2): 358.1994.

Rhododendron wilsonae Hemsl.et Wils.in Kew.Bull.Misc.Inform.1910: 116.1910;

Rhododendron wilsonae Hemsl.et Wils.var.*ionanthum* Fang in Act.Phytotax.Sin.21: 463.1983.

常绿灌木或小乔木,高2–3(6) m;小枝开展,灰色或淡白色,无毛。叶集生枝顶,近于轮生,革质,卵状椭圆形或长圆状披针形,长5–8(13) cm,宽2.5–5.5 cm,先端短渐尖,基部楔形或近于圆形,边缘反卷,上面深绿色,具光泽,下面淡灰白色,中脉和侧脉显著凹陷,下面凸出,两面无毛;叶柄长约1.2 cm,无毛。花芽鳞片明显,倒卵形,外面无毛,边缘具微柔毛或细腺点,在花期时宿存。花单生枝顶叶腋,枝端具花1–4朵;花梗长1.5–2.7 cm,无毛;花萼不明显;花冠白色或略带粉红色,长3.5–4.5 cm,直径约5 cm,5深裂,裂片顶端微凹,被微柔毛,花冠管长1.2–1.5 cm,向基部渐狭;雄蕊10,不等长,长2.7–3.5 cm,部分伸出花冠外,花丝扁平,中部以下被微柔毛;子房圆柱状,无毛,花柱长约3.5 cm,无毛,柱头5裂。蒴果圆柱形,长3–4 cm,直径约4 mm,具纵肋,先端截形,花柱宿存。花期3–4月,果期7–9月。

本种在金佛山主要分布于西麓的草坝至茶树村一带,生长于海拔1 200–1 600 m的山地灌丛中或杂木林内。中国特有,浙江、江西、福建、湖北、湖南、广东、广西、四川和贵州也产。模式标本采自福建。

本种花芽鳞明显,并在花期宿存,花单生于枝顶叶腋,花萼不明显,花冠白色或略带粉红色,而易于区别。

该物种在金佛山分布的种群数量稀少,加之主要生长在农耕区附近,易当薪柴砍伐,应注意保护。

21. 金山杜鹃(别名:金佛山杜鹃)

Rhododendron longipes Rehd.et Wils.var.*chienianum* (Fang) Chamb.ex Cullen et Chamb.in Not.Bot.Gard.Edinb.37:329.1979;中国四川杜鹃花 110.1986;云南植物志 4:384.1986;中国植物志 57(2):162.1994.

Rhododendron chienianum Fang in Contr.Biol.Lab.Sci.Soc.China Bot.12:28.1939;中国高等植物图鉴 3:121.图 4189.1974.

常绿乔木,高(4)8–12(18) m;幼枝被灰色绒毛,后变无毛。叶革质,多密生于枝顶,披针形或椭圆状披针形,长 5–10 cm,宽 1.5–2.5 cm,先端渐尖,基部楔形,边缘向下反卷,上面绿色,无毛,下面有较厚棕色的毛被,中脉在上面凹陷,下面显著隆起,侧脉 12–14 对,在两面仅微现;叶柄圆柱状,长 0.8–1.5 cm,上面平坦,下面隆起。总状伞房花序,有花 8–12 朵;总轴细长,长 1.2–1.5 cm,有疏柔毛;花梗细瘦,长 2.5–3.5 cm,有稀疏腺体;花萼小,盘状,有 5 个三角形的齿,无毛;花冠漏斗状钟形,粉红色或淡紫色,筒部有深紫红色斑点,5 裂,裂片近于圆形,顶端有凹缺;雄蕊 10–13,不等长,花丝无毛;花药黄色;子房圆柱形,长约 5 mm,密被棕色绒毛及腺体,花柱光滑,无毛,柱头微膨大。蒴果圆柱形,长 2–2.5 cm,具腺体。花期 4–5 月,果期 8–10 月。

本种在金佛山广泛分布于海拔 1 700–2 250 m 的山腰常绿阔叶林中,是金佛山数量最多的乔木型杜鹃(多达 15 万株以上),为组成"金佛山杜鹃花海"的主要树种。中国西南部特有,四川南部和云南东北部也产。模式标本由方文培教授于 1928 年 5 月采自重庆南川金佛山狮子口附近。

与原变种长柄杜鹃(*Rhododendron longipes* Rehd.et Wils)的区别在于:本变种叶较小,下面有较厚的棕色毛被,子房有密的棕色绒毛及腺体,花梗较短等。

该物种在金佛山虽然分布地域广,面积大,种群数量多,但常与金佛山方竹或平竹(*Qiongzhuea communis* Hsueh et Yi)共生,易在采笋时当薪柴砍伐,加之树形优美,常绿,花多而艳,也易遭野生花卉盗挖,故应加强宣传和保护。

金山杜鹃—生境

金山杜鹃—植株

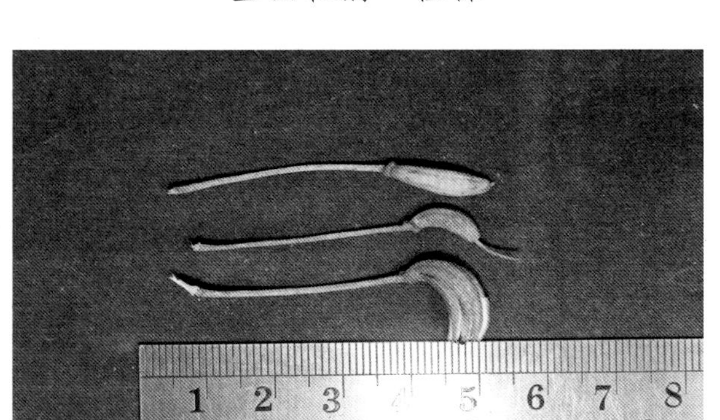

金山杜鹃—果

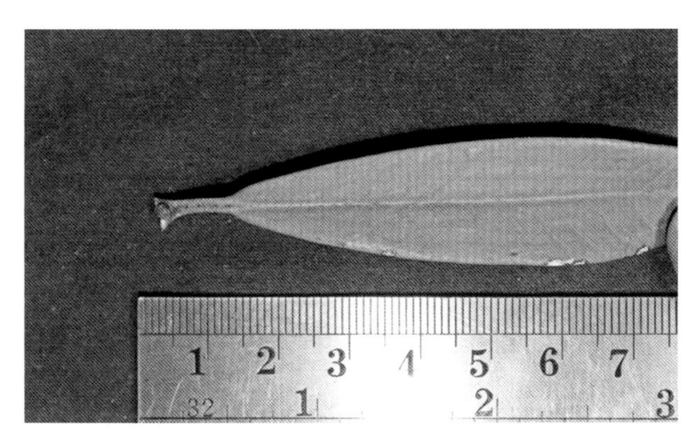

金山杜鹃—叶面

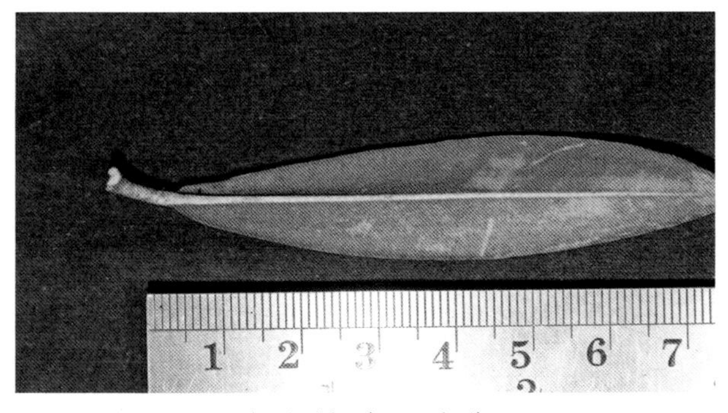

金山杜鹃—叶背

金山杜鹃—花枝

金山杜鹃—花序

金山杜鹃—雄蕊和子房

黄花杜鹃—花枝

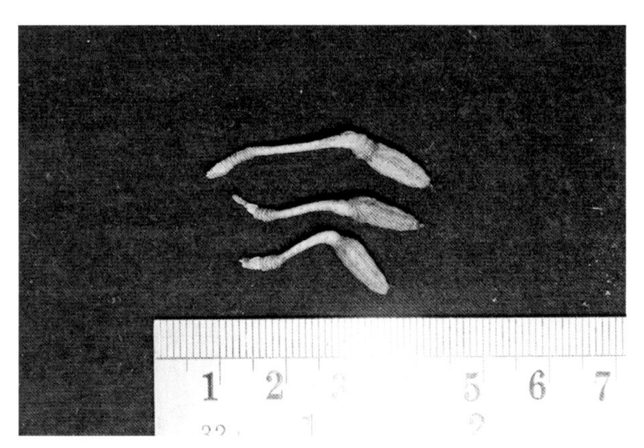

黄花杜鹃—果

黄花杜鹃—花序

黄花杜鹃—叶芽

黄花杜鹃—叶背

黄花杜鹃—叶面

22. 黄花杜鹃(别名:黄杜鹃)

Rhododendron lutescens Franch.in Bull.Soc, Bot.France, 33:235.1886;中国高等植物图鉴 3:60.图 4073.1974;云南植物志 4:488.133, l-4, 1986;贵州植物志 3:205.1990;横断山区维管植物下册1430.1994;中国植物志57(1):66.1999.

Rhododendron costulaturn Franch.in Joum.de Bot.9:399.1895.

半常绿灌木,高2-3 m;幼枝细长,疏生鳞片。叶散生,叶片纸质,披针形、长圆状披针形或卵状披针形,长4-10 cm,宽1.5-3 cm,顶端长渐尖或近尾尖,具短尖头,基部圆形或宽楔形,上面深绿色,疏生鳞片,下面淡绿色,被黄色或褐色鳞片,中脉及侧脉纤细,在两面不明显;叶柄长5-9 mm,疏生鳞片。花1-3朵顶生或生枝顶叶腋;宿存的花芽鳞覆瓦状排列;花梗长约1 cm,被鳞片;花萼小,长0.5-1 mm,波状5裂或环状,密被鳞片;花冠宽漏斗状,长2-2.5 cm,黄色。5裂至中部,裂片长圆形,外面疏生鳞片,密被短柔毛;雄蕊不等长,长雄蕊伸出花冠,长雄蕊花丝毛少,短雄蕊花丝基部密被柔毛;子房5室,密被鳞片,花柱细长,无毛。蒴果圆柱形,长约1 cm。花期3-4月,果期7-8月。

本种在金佛山主要分布于南麓的柏枝山(石猫梁子),生长于海拔1 700-1 900 m的石灰岩山脊灌丛中。中国西南部特有,四川西部和西南部、贵州(贵定)、云南东北部和东南部(金平县)也产。模式标本采自四川宝兴。

本种幼枝、叶、花梗、花冠、子房等均被鳞片,叶纸质,叶脉不显,花冠黄色,密被短柔毛,易于区别。

该物种在金佛山分布的种群数量稀少(开花植株现存不足50株),应特别注意保护和进行人工抚育抢救。

黄花杜鹃—植株

23. 麻花杜鹃(别名:褐背杜鹃)

Rhododendron maculiferum Franch.in Journ.Bot.9:393.1895;中国高等植物图鉴3:88.图4129.1974;中国植物志57(2):90.1994;湖北植物志3:274.2002.

常绿灌木或小乔木,高3-6(10) m;树皮黑灰色,薄片状脱落;幼枝棕红色,密被白色绒毛,老枝浅黄褐色,有细裂纹。叶革质,长圆形、椭圆形或倒卵形,长3-11 cm,宽1.5-4.2 cm,先端钝至圆形,略有小尖头,基部圆形,稀浅心形,幼时边缘有细缘毛,表面绿色,背面黄绿色,中脉在上面微凹陷,下面凸出,被有较厚的淡褐色绒毛,侧脉12-17对,在上面稍凹陷,下面不明显;叶柄圆柱形,长1-2.2 cm,幼时密被白色绒毛,成长后近于无毛。顶生总状伞形花序,有花7-10朵;总轴长1.2-2.5 cm,密被柔毛;花梗细圆柱形,长1.4-2 cm,有簇生粗毛和白色绒毛;花萼小,裂齿5,三角形,外面略有粗毛及绒毛;花冠宽钟形,长3.7-4 cm,直径3.8-4.2 cm,红色至白色,内面基部有深紫色斑块,裂片5,宽卵形,顶端有浅缺刻;雄蕊10,花丝白色,基部有白色微柔毛,花药长圆状椭圆形,紫黑色;子房圆锥形,被淡黄白色微柔毛,花柱无毛,柱头小,绿色,头状。蒴果圆柱形,长1.5-3 cm,6-7室,被锈色刚毛或近无毛。花期5-6月,果期9-10月。

本种在金佛山主要分布于西麓的箐坝山和永安的八角等地,生于海拔1 500-1 980 m的山地杂木林中。中国特有,陕西西南部、甘肃南部、湖北西部、四川北部、重庆东北部和贵州也产。模式标本采自重庆城口。

本种幼枝棕红色,密被白色绒毛,叶革质,先端钝至圆形,基部圆形或浅心形,叶背中脉的下半部密生淡褐色绒毛,易于区别。

该物种在本山分布的种群数量较少,加之原生境多已被人工林所取代,自然繁殖更加困难,应加强保护和进行人工抚育。

麻花杜鹃—花枝

麻花杜鹃—果枝

麻花杜鹃—花

满山红—花枝

满山红—果

满山红—叶芽

满山红—花

满山红—叶

24. 满山红(别名:紫映山红、三叶杜鹃、马礼士杜鹃)

Rhododendron mariesii Hemsl.et Wils.in Kew Bull.Misc.Inform.1907:244.1907;中国树木分类学953.1937;中国高等植物图鉴3:145.图4243.1974;台湾植物志4:30.1978;华南杜鹃花志29.1983;中国四川杜鹃花337.1986;中国植物志57(2):372.1994.

Rhododendron farrerae Tate ex Sweet.var.*mediocre* Diels in Bot.Jahrb.29:514.1900.

Rhododendron farrerae Tate ex Sweet var.*weyrichii* Diels in ibid.29:513.1900.

落叶灌木,高1–3(4) m;枝轮生,幼时被淡黄棕色柔毛,后变无毛。叶厚纸质,常2–3枚集生枝顶,椭圆形,卵状披针形或三角状卵形,长3.5–7.5 cm,宽2.5–5 cm,先端急尖,具短尖头,基部钝或近于圆形,边缘微反卷,初时具细钝齿,后不明显,上面深绿色,下面淡绿色,幼时两面均被淡黄棕色长柔毛,后无毛或近于无毛,叶脉在上面凹陷,下面凸出;叶柄长5–10 mm,幼时被毛,后近于无毛。花通常2朵顶生,先花后叶,出自于同一顶生花芽;花梗直立,常为芽鳞所包,长5–10 mm,密被黄褐色柔毛;花萼小,5浅裂,密被黄褐色柔毛;花冠漏斗形,淡紫红色或紫红色,长3–4 cm,裂片5,深裂,长圆形,先端钝圆,上方裂片具紫红色斑点,两面无毛;雄蕊8–10,花丝扁平,无毛,花药紫红色;子房卵球形,密被淡黄棕色长柔毛,花柱比雄蕊长,无毛。蒴果椭圆状卵球形,密被亮棕褐色长柔毛。花期4–5月,果期7–9月。

本种在金佛山广泛分布于海拔600–1 600 m的山地灌丛中或马尾松(*Pinus massoniana* Lamb.)林下。中国特有,河北、陕西、江苏、安徽、浙江、江西、福建、台湾、河南、湖北、湖南、广东、广西、重庆、四川和贵州也产。模式标本采自湖北宜昌。

本种为金佛山低山区最常见的两种灌木型杜鹃之一。与杜鹃(*Rhododendron simsii* Planch.)不同的是:本种为落叶灌木,枝轮生,叶较大,基部钝或近于圆形,花紫红色,通常2朵顶生等。

该物种虽然在金佛山分布广,种群数量大,但主要生长在农耕区,易当薪柴砍伐和野生花卉的挖采,应加大森林法的宣传和注意生态的保护。

25. 照山白(别名:小花杜鹃)

Rhododendron micranthum Turcz.in Bull.Soc.Nat.Mosc.7:155.1837;中国高等植物图鉴3:43.图4039.1974;中国植物志57(1):147.1999:湖北植物志3:270.2002.

Rhododendron rosthornii Diels in Bot.Jahrb.29:509.1900.

Rhododendron pritzelianum Diels in ibid.29.510.1900.

常绿灌木,高可达2.5 m,茎灰棕褐色;枝条细瘦;幼枝被鳞片及细柔毛。叶散生,近革质,倒披针形、长圆状椭圆形至披针形,长1.5–4(6) cm,宽0.4–1.2(2.5) cm,顶端钝或急尖,具小突尖,基部狭楔形,上面深绿色,有光泽,常被疏鳞片,下面黄绿色,密被淡或深棕色鳞片;叶柄长3–8 mm,被短毛和鳞片。总状花序顶生,花小,乳白色;有花10–28朵,花密集;花序轴长1–2.6 cm;花梗长0.8–2 cm,密被鳞片;花萼小,5深裂,外面被鳞片和缘毛;花冠钟状,长4–8(10) mm,外面被鳞片,裂片5,较花管稍长;雄蕊10,花丝无毛;子房5–6室,密被鳞片,花柱与雄蕊等长或较短,无毛。蒴果长圆形,被疏鳞片和宿存花柱。花期6–7月,果期8–10月。

本种在金佛山仅知分布在南麓的头渡,生于海拔1 000–1 200 m的山地峭壁岩石缝中。我国东北、华北及西北地区及山东、河南、湖北、湖南、四川和重庆东北部也产。朝鲜也有分布。模式标本采自北京北部山区。

本种有剧毒,幼叶更毒,牲畜误食,易中毒死亡。

该物种是金佛山最稀有的杜鹃花种类,自奥地利人罗斯特恩(Rosthorn)1891年在本山头渡采到1号标本后,一百多年来,一直再未有人采集到过,金佛山是否还有该种分布,目前还未知晓。由于生境特殊,生长于峭壁石缝中,尚未能证实,特保留参考。

照山白—植株

照山白—果枝

照山白—果序

照山白—花

羊踯躅—花枝

羊踯躅—花枝

羊踯躅—花序

26. 羊踯躅(别名:黄杜鹃、闹羊花)

Rhododendron molle(Blum) G.Don, Gen.Syst.3: 846.1834; 中国树木分类学954-955.1937;中国高等植物图鉴3:144.图4241.1974;华南杜鹃花志26.1983;云南植物志4:446.1986;中国四川杜鹃花327.1986;中国植物志57(2):367.1994.

Azalea mollis Blume in Cat.Gewass.Buitenz, 44.1823.

落叶灌木,高0.5-1.5 m:分枝稀疏,枝条直立,幼时密被灰白色柔毛及疏刚毛。叶纸质,长圆形至长圆状披针形,长4-11 cm,宽1.5-4 cm,先端急尖或钝,具短尖头,基部楔形,边缘具睫毛,幼时上面被微柔毛,下面密被灰白色柔毛,沿中脉被黄褐色刚毛,中脉和侧脉凸出;叶柄长2-8 mm,被柔毛和少数刚毛。总状伞形花序顶生,花5-9(13)朵,先花后叶或与叶同时开放;花梗长1-2.5 cm,被微柔毛及疏刚毛;花萼裂片5,长圆形,被微柔毛和刚毛状睫毛;花冠阔漏斗形,长3.5-4.5 cm,杏黄色或金黄色,内有深红色斑点,外面被微柔毛,裂片5,其中一片较大,椭圆形或卵状长圆形,长2.5 cm,外面被微柔毛;雄蕊5,长不超过花冠,花丝扁平,中部以下被微柔毛;子房圆锥状,5室,密被灰白色柔毛及疏刚毛,花柱无毛。蒴果圆柱状长圆形,长2-3.5 cm,具5条纵肋,被微柔毛和疏刚毛。花期3-4月,果期7-8月。

本种在金佛山零星分布于南麓合溪和头渡镇山谷海拔650-800 m的灌丛中,北麓的三泉、北固、三汇等地也有少量栽培。中国特有,江苏、安徽、浙江、江西、福建、河南、湖北、湖南、广东、广西、四川、贵州和云南等地也有野生或栽培分布。

本种因叶较大,纸质,幼时密被灰白色微柔毛及疏刚毛;花冠大,杏黄色或金黄色,子房5室,花柱无毛,极易识别。

本种为著名的有毒植物之一。"神农本草"及"植物名实图考"把它列入毒草类,外用可治疗风湿性关节炎、跌打损伤。民间通常称"闹羊花"。植物体各部含有闹羊花毒素(Rhodojaponin)和马醉木毒素(Asebotoxin)等成分,误食令人腹泻、呕吐或痉挛;羊食时往往踯躅而死亡,故此得名。近年来除供应庭院观赏外,也在医药工业上用作麻醉剂和镇痛药;全株还可作农药。

羊踯躅—花

27. 毛棉杜鹃(别名:白杜鹃、丝线吊差蓉)

Rhododendron moulmainense Hook.f in Curts's in Bot.Mag.82:t.4904.1856;海南植物志3:143.1974;华南杜鹃花志78.1983;云南植物志4:543.154(1–3).1986;中国植物志57(2):355.1994.

Rhododendron westlandii Hemsl.in Journ.Linn.Soc.Bot.26:31.1889;中国高等植物图鉴3:l58.图4269.1974.

Rhododendron siamense Diels in Fedde.Repert.Spec.Nov.4:289.1907.

常绿灌木或小乔木,高2.5–5(8) m;幼枝粗壮,淡紫褐色,无毛,老枝褐色或灰褐色。叶革质,集生枝端,近于轮生,长圆状披针形或椭圆状披针形,长5–12(26) cm,宽2.5–6 cm,先端渐尖至短渐尖,基部楔形或宽楔形,边缘反卷,上面深绿色,叶脉凹陷,下面淡黄色或苍白色,下面中脉凸出,侧脉在叶缘处不连接,两面无毛;叶柄粗壮,长1.5–2.2 cm,无毛。数个伞形花序生枝顶叶腋,每花序有花2–5朵;花梗长1–2 cm,无毛,花萼小,裂5,波状浅裂,无毛;花冠淡紫色、粉红色或淡红白色,狭漏斗形,长3–6 cm,5深裂,裂片开展,匙形或长倒卵形,顶端浑圆或微凸起,花冠管长2–2.5 cm,基部直径3–4 mm,向上扩大;雄蕊10,略比花冠短,花丝扁平,中部以下被银白色糠皮状柔毛;子房长圆筒形,长约1 cm,微具纵沟,深褐色,无毛,花柱稍长过雄蕊,但常比花冠短,无毛。蒴果细长,圆柱形,长3.5–6 cm,直径4–6 mm,先端渐尖,花柱宿存。花期4–5月,果期7–12月。

本种在金佛山主要分布于东麓的铁厂坪、后趟和庙坝,生长于海拔850–1 600 m的山地灌丛或疏林中。我国江西、福建、湖南、广东、广西、四川、贵州、云南等地和中南半岛、印度尼西亚也有分布。

本种与长蕊杜鹃(*Rhododendron stamineum* Franch.)相似,但本种的雄蕊与花冠等长或微比花冠短,花芽被毛,易于区别。

该物种在金佛山区域分布较狭窄,原生境多被人工林所取代,自然更新困难,种群数量有所减少,应加强保护和进行人工抚育。

毛棉杜鹃—花

毛棉杜鹃—叶

毛棉杜鹃—花枝

毛棉杜鹃—花蕾

毛棉杜鹃—花序

白花杜鹃—植株

白花杜鹃—花蕾

白花杜鹃—紫红类型植株

白花杜鹃—果

白花杜鹃—紫红类型花

28. 白花杜鹃(别名:尖叶杜鹃、毛白杜鹃)

Rhododendron mucronatum(Blume) G.Don in Gen.Syst.3:846.1834;中国树木分类学952.1937;广州植物志466.1956;中国高等植物图鉴3:154.图4262.1974;华南杜鹃花志39.1983;云南植物志4:448.1986;中国四川杜鹃花340.1986;中国植物志57(2):389.1994.

Azalea rosmarinifolia Burm.in Fl.1nd.43,t.3.f.3.1768.

Azalea mucronata Blume in Cat.Gewass.Buitenz.44.1823.

半常绿灌木,高0.8–2(3) m;幼枝开展,分枝多,密被灰褐色开展的长柔毛,混生少数腺毛。叶纸质,春叶早落,夏叶宿存,卵状披针形或长圆状披针形,长3.5–6 cm,宽0.8–2.5 cm,先端钝尖至圆形,基部楔形,上面深绿色,疏被灰褐色贴生长糙伏毛,混生短柔毛和腺毛,中脉和侧脉在上面凹陷,下面凸出或明显可见;叶柄短,长2–4 mm,密被灰褐色扁平长糙伏毛和短腺毛。伞形状花序顶生,具花1–3朵;花梗长0.5–1.5 cm,密被淡黄褐色长柔毛和腺头毛;花萼大,绿色,裂片5,披针形,密被腺状短柔毛;花冠白色,有时淡红色或淡紫色,阔漏斗形,长3–5 cm,5深裂,裂片椭圆状卵形,长约与花冠管等长,无毛,也无紫斑;雄蕊10,不等长,花丝中部以下被微柔毛;子房卵球形,5室,密被刚毛状糙伏毛和腺头毛,花柱伸出花冠外很长,无毛。蒴果圆锥状卵球形,长约1 cm。花期3–4月,果期6–7月。

本种幼枝开展,分枝多,小枝、叶表面、叶柄、花梗等均被毛,花萼大、绿色,花冠白色,内无紫斑,花柱明显伸出花冠外等,易于区别。

本种在金佛山主要分布于东麓的山王坪、马咀,西麓的三汇、永安,南麓的头渡、合溪。另北麓的三泉、半溪等地也有栽培。我国江苏、浙江、江西、福建、广东、广西、四川和云南等各大城市均常见有栽培,日本、越南、印度尼西亚、英国、美国等国也广泛引种栽培。

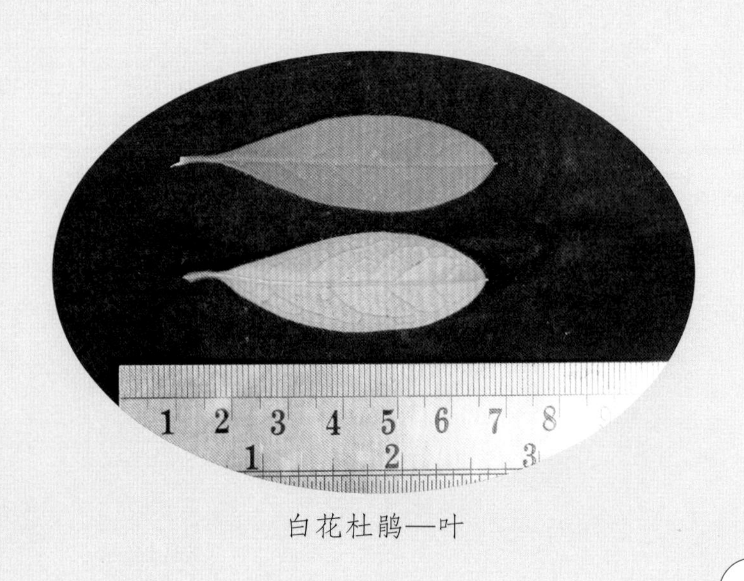

白花杜鹃—叶

29. 钝叶杜鹃（别名：夏鹃、山城杜鹃）

Rhododendron obtusum（Lindl.）Planch.in Fl.des Serr.9：80.1854；华南杜鹃花志 54.图 6–1.1983；中国植物志 57(2)：411.1994.

Azalea obtusa Lindl.in Journ.Hort.Soc.Lond.1：152.1846.

常绿小灌木，高 0.5–1.2(3) m；小枝纤细，分枝繁多，常呈假轮生状，有时近于平卧，密被锈色糙伏毛。叶纸质，常簇生枝端，形状变化较大，椭圆形至椭圆状卵形或长圆状倒披针形至倒卵形，长 1.5–2.5 cm，宽 4–12 mm，先端钝尖或圆形，有时具短尖头，基部宽楔形，边缘被纤毛，上面亮绿色，下面苍白绿色，两面散生淡灰色糙伏毛，沿中脉更明显，中脉在上面凹陷，下面凸起，侧脉在下面明显；叶柄长约 2 mm，被灰白色糙伏毛。伞形花序，通常有花 2–3 朵；花梗长 4–8 mm，密被扁平锈色糙伏毛；花萼裂片 5，绿色，卵形，长达 4 mm，被糙伏毛；花冠漏斗状钟形，红色至粉红色或淡红色，长约 1.5 cm，裂片 5，长圆形，顶端钝，有 1 裂片具深色斑点；雄蕊 5，约与花冠等长，花丝无毛，花药淡黄褐色；子房密被褐色糙伏毛，花柱长约 2.5 cm，无毛。蒴果圆锥形至阔椭圆球形，长约 6 mm，密被锈色糙伏毛。花期 5–6 月，果期 8–9 月。

该物种与我国南方广泛栽培种皋月杜鹃[*Rhododendron indicum*（Linn.）Sweet.]近似，不同处在于本种小枝纤细，常呈假轮生状，叶纸质，先端钝尖或圆形，花较小，花冠长约 1.5 cm，雄蕊约与花冠等长，花丝无毛，易于区别。

本种在金佛山北麓的三泉和半溪、西麓的兰花索道下站和天星沟等地有栽培。另我国东部及西南部各大城镇、公园均有栽培。原产日本，是杜鹃花属中著名的栽培观赏种类。

钝叶杜鹃—叶芽

钝叶杜鹃—植株

钝叶杜鹃—花序

钝叶杜鹃—叶

钝叶杜鹃—花

峨马杜鹃—植株

峨马杜鹃—花枝

峨马杜鹃—花

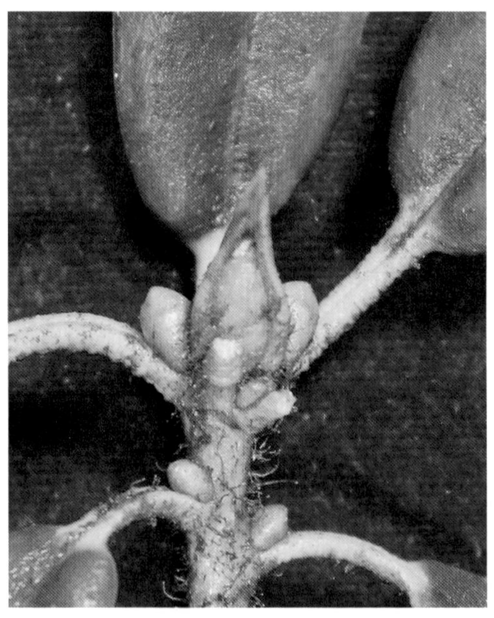

峨马杜鹃—叶芽

峨马杜鹃—叶

峨马杜鹃—果序

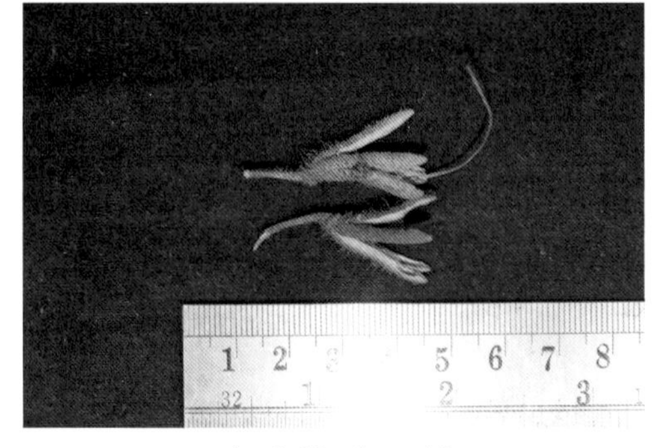

峨马杜鹃—果

30. 峨马杜鹃(别名:极红杜鹃)

Rhododendron ochraceum Rehd.et Wils.in Sargent.Pl.Wils.1:534.1913;中国高等植物图鉴 3:86.图 4125.1974;中国四川杜鹃花 75–77.1986;云南植物志 4:389.1986;中国植物志 57(2):82.1994.

常绿灌木或小乔木,高 3–7 m;幼枝被黄白色短柔毛和腺体状刚毛,一年生枝黑褐色。冬芽长卵圆形,长约 1.5 cm,被灰色绒毛。叶革质,倒披针形,长 5–9 cm,宽 1.2–2.5 cm,先端突尖或尾状渐尖,基部圆形或宽楔形,边缘微反卷,上面亮绿色至暗绿色,下面密被薄的淡黄褐色绒毛状丛卷毛,中脉在上面稍凹陷,下面隆起,密被丛卷毛,侧脉 11–13 对,在上面不明显,下面埋入毛被中;叶柄细圆柱形,长 1–1.5 cm,散生短柔毛及有腺头的长毛。顶生短总状伞形花序,有花 8–12 朵;总轴长约 6 mm,被黄褐色柔毛;花梗长 6–12 mm,密被淡黄白色有腺头的细毛;花萼小,杯状,红色,裂片 5,不整齐,宽三角形,先端急尖,外被微柔毛;花冠宽钟形,长 2.5–3 cm,直径 3–3.5 cm,深红色,无毛,裂片 5,近于圆形,顶端有缺刻;雄蕊 10–12,不等长,花丝白色,无毛,花药紫黑色,长圆形;子房圆锥形,密被淡白色有腺头的刚毛,花柱长约 2.3 cm,无毛,柱头小,头状。蒴果圆柱形,长 1.8–2.5 cm,直立或微弯曲,有毛被残迹。花期 3–4 月,果期 7–8 月。

本种在金佛山主要分布于金山、柏枝山和箐坝山,常生长在海拔 1 750–2 200 m 的石灰岩陡壁灌丛中。中国西南部特有,四川西南部和云南东北部也产。模式标本采自四川西部瓦屋山。

本种小枝及子房具腺体状刚毛,花萼小,杯状,红色,花冠宽钟形,深红色,无毛,蒴果长 1.8–2.5 cm,易于区别。

该物种由于原生境多已受到破坏,种群数量急剧减少,自然更新又困难,已被《中国物种红色名录》列为“易危”。金佛山虽现还保存有较多的开花植株,但其生境特殊,很少见更新树苗,故应注意加强保护和进行人工抚育,以恢复和扩大野生种群数量。

31. 短果峨马杜鹃(别名:迎春杜鹃、黑杜鹃)

Rhododendron ochraceum Rehd.et Wils.var. *brevicarpum* W.K.Hu in Bull.Bot. Res.8(3):56.1988;中国植物志57(2):84.1994.

常绿灌木,高1.5-3 m;幼枝被黄白色短柔毛和腺毛,一年生枝黑褐色。冬芽长卵圆形,长1.5 cm,被灰色绒毛。叶薄革质,倒披针形,长4-6 cm,宽1.5-2 cm,先端急尖或尾状渐尖,基部宽楔形,边缘反卷,上面暗绿色,下面有海绵质的毛被,中脉在上面稍凹陷,下面隆起,密被丛卷毛,侧脉在上面不明显,下面埋没入毛被中;叶柄纤细,圆柱形,散生短柔毛及有腺头的长毛。短总状伞形花序顶生,有花6-10朵;总轴被黄褐色柔毛;花梗长6-12 mm,密被淡黄白色有腺头的细毛;花萼杯状,长约1.3 mm,红色,裂齿5,三角形,先端急尖,外被微柔毛;花冠狭钟形,长3-4 cm,暗紫红色或紫黑色,无毛,裂片5,近于圆形,长约1 cm,宽约1.2 cm,顶端有缺刻;雄蕊10,不等长,花丝无毛,花药紫黑色,长圆形;子房圆锥形,长3.5 mm,直径3 mm,密被淡白色有腺头的刚毛,花柱长2.3 cm,无毛,柱头小,头状,宽约1-3 mm。蒴果较短,圆柱形,长仅1.3 cm,有宿存具腺头的刚毛。花期2-3月,果期6-7月。

中国重庆金佛山特有,仅生长于南川金佛山海拔1 700-1 950 m的山地竹林或杂木林中。模式标本由东北林业大学著名植物学家杨衔晋教授于1932年5月1日采自该山的老梯子。

本变种与原变种峨马杜鹃(*Rhododendron ochraceum* Rehd. et Wils.)的区别在于:本种叶片下面有海绵质的毛被;花冠暗紫红色或紫黑色,狭钟形,长达3-4 cm;蒴果较短,长仅1.3 cm,直径6 mm,有宿存具腺头的刚毛。

本种在金佛山较为常见,但地理分布十分局限,仅产于金佛山一个分布点,加之开花早(1-3月),常受早春冻害而不易结实,自然更新困难。故应重点保护,加强人工抚育,以恢复和扩大野生种群数量。

短果峨马杜鹃—生境

短果峨马杜鹃—植株

短果峨马杜鹃—花

短果峨马杜鹃—果序

短果峨马杜鹃—花序

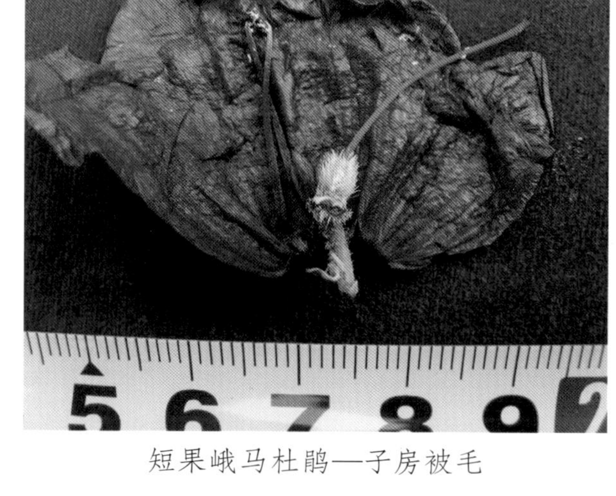
短果峨马杜鹃—子房被毛

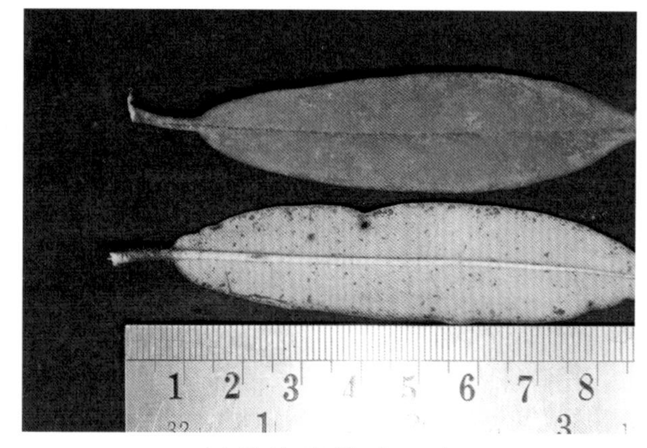
短果峨马杜鹃—叶

粉红杜鹃—植株

粉红杜鹃—花序

粉红杜鹃—花枝

32. 粉红杜鹃(别名:巴山杜鹃、巴山山光杜鹃)

Rhododendron oreodoxa Franch.var. *fargesii* (Franch.) Chamb.ex Cullen et Chamb. in Not.Bot.Gard.Edinb.37: 331.1979; 中国四川杜鹃花 32–35.1986: 中国植物志 57(2): 23.1994.

Rhododendron fargesii Franch.in Journ.Bot.9: 390.1895; 中国高等植物图鉴 3: 107.图 4167.1974; 湖北植物志 3:274.2002.

Rhododendron erubescens Hutch.in Curtis's Bot.Mag.142: 8643.1916; 中国高等植物图鉴 3:107.图 4168.1974.

常绿灌木或小乔木,高 4–6(8) m;树皮灰黑色;幼枝初被白色至灰色绒毛,不久脱净。叶革质,常 5–6 枚生于枝端,椭圆形或倒披针状椭圆形,长 4–8(12) cm,宽 2–3.5 cm,先端钝或圆形,略有小尖头,基部钝至圆形,上面深绿色,下面淡绿色至苍白色,两面无毛,中脉在上面凹陷,下面凸出,侧脉 13–15 对;叶柄幼时紫红色,有时具有柄腺体,不久脱净。顶生总状伞形花序,有花 6–8(12)朵;总轴长约 5 mm,有腺体及绒毛;花梗长 1–2 cm,紫红色,密或疏被短柄腺体;花萼小,长 1–3 mm,边缘具 6–7 枚宽卵形至宽三角形浅齿,外面被有腺体;花冠宽钟形,长 3.5–4.5 cm,粉红色,有红色斑点,裂片 5–7,顶端有浅缺刻;雄蕊 12–14 枚,长 2–3.6 cm,花丝白色,基部无毛或略有白色微柔毛,花药长椭圆形,红褐色至黑褐色,长 2.3–3 mm;子房圆锥形,密被有柄腺体,花柱淡红色,无毛,柱头头状,绿色至淡黄色。蒴果长圆柱形,长 2–3 cm,微弯曲,6–7 室,连同果柄被腺体。花期 4–6 月,果期 8–10 月。

本种在金佛山主要分布于南麓的中长岗和柏枝山的剪口,生长于海拔 1 500–1 850 m 的山地灌丛或疏林中。中国特有,陕西南部、甘肃南部、湖北西部、重庆东北部和四川西部也产。模式标本采自重庆城口。

本变种与原变种山光杜鹃(*Rhododendron oreodoxa* Franch.)的区别在于本种花冠内有红色斑点,子房具有柄腺体,花冠通常有 5–7 枚裂片。

该物种在金佛山地理分布狭窄,种群数量少,应注意保护。

粉红杜鹃—花

33. 马银花(别名:紫杜鹃)

Rhododendron ovatum(Lindl.)Planch.ex Maxim.in Bull.Acad.Pétersb.15:230.1871;中国树木分类学955.1937;中国高等植物图鉴3:155,图4263.1974;华南杜鹃花志68.8.1983;中国植物志57(2):341.1994;湖北植物志3:281.2002.

Azalea ovata Lindl.in Journ.Hort.Soc.Lond.1:149.1846.

Rhododendron ovatum(Lindl.) Planch.ex Maxim.var. *prismatum* Tam.in Bull.Bot. Res.2(1):99.1982.

常绿灌木或小乔木,高2–4(6) m;小枝灰褐色,疏被具柄腺体和短柔毛。叶革质,卵形或椭圆状卵形,长3–5 cm,宽1.5–3 cm,先端急尖或钝,中脉延伸成短尖头,基部圆形,稀宽楔形,上面深绿色,有光泽,中脉和细脉凸出,沿中脉被短柔毛,下面浅绿色仅中脉凸出,侧脉和细脉不明显,无毛;叶柄长约8 mm,具狭翅,被短柔毛。花单生枝顶叶腋;花梗长0.8–2 cm,密被灰褐色短柔毛和短柄腺毛;花萼5深裂,裂片卵形或长卵形,长4–5 mm,外面基部密被灰褐色短柔毛和疏腺毛;花冠淡紫色、紫色或粉红色,5深裂,内面具粉红色斑点,外面无毛,筒部内面被短柔毛;雄蕊5,不等长,稍比花冠短,花丝扁平,中部以下被柔毛;子房卵球形,密被短腺毛,花柱长约2.4 cm,伸出于花冠外,无毛。蒴果阔卵球形,长约8 mm,密被灰褐色短柔毛和疏腺体,且为增大而宿存的花萼所包围。花期4–5月,果期7–9月。

本种在金佛山主要分布于东麓的山羊坪、乐村林场及庙坝等地,生长于海拔800–1 200 m的山地灌丛中。中国特有,江苏、安徽、浙江、江西、福建、台湾、湖北、湖南、广东、广西、四川和贵州也产。模式标本采自福建厦门。

本种小枝灰褐色;叶革质,表面深绿色,先端具短尖头,叶柄具狭翅;花单生枝顶叶腋,紫色,雄蕊5,不等长,花柱伸出花冠外;蒴果为增大而宿存的花萼所包围等。易于与其他种类区别。

该物种在金佛山主要生长在农耕区,常当薪柴砍伐,加之部分原生境已被人工林所取代,野生种群数量急剧减少,故应加大森林生态意识的宣传,注意保护残存植株。

马银花—植株

马银花—花枝

马银花—花

瘦柱绒毛杜鹃—植株

瘦柱绒毛杜鹃—花丛

瘦柱绒毛杜鹃—花序

瘦柱绒毛杜鹃—花

瘦柱绒毛杜鹃—叶芽

瘦柱绒毛杜鹃—叶面

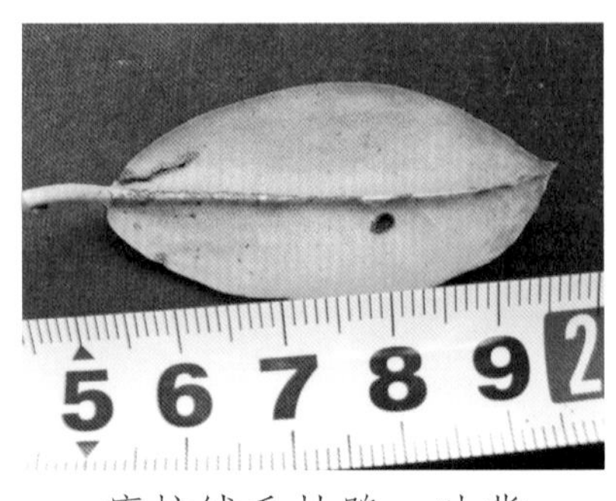

瘦柱绒毛杜鹃—叶背

34. 瘦柱绒毛杜鹃(别名:瘦柱杜鹃)

Rhododendron pachytrichum Franch.var. *tenuistylum* W.K.Hu in Act.Phytotax. Sin.26:304.f.5.1988;中国植物志57(2):86.1994.

常绿灌木,高2–4.5 m;幼枝密被黄褐色有分枝的粗毛,老枝无毛或近于无毛。叶薄革质,常数枚在枝顶近于轮生,狭长圆形,长5–10 cm,宽2–3.6 cm,先端钝至渐尖,有时具明显的尖尾,基部宽楔形,上面绿色,下面淡绿色,无毛,中脉在上面凹陷,下面凸起,被淡褐色有分枝的粗毛,尤以下半段为多;叶柄略带红色,被毛。顶生伞形总状花序,有花7–10朵;总轴长1.2–2 cm,疏生短柔毛;花梗淡红色,长1–1.5 cm,密被淡黄色柔毛;花萼小,裂片5,外面被毛或无毛;花冠钟形,长3.4–5cm,淡红色,里面基部有紫黑色斑块,裂片5,圆形或扁圆形,顶端钝圆或微缺刻:雄蕊10,不等长,长1.5–3 cm,花丝白色,近基部有白色微柔毛,花药长椭圆形,紫黑色;子房长圆锥形,长约7 mm,密被淡黄色绒毛,花柱瘦长,伸出花冠外,长达4–4.7 cm,无毛,柱头小,绿色。蒴果圆柱形,长约2.5 cm,密被红褐色糙伏毛。花期4–5月,果期8–9月。

中国重庆金佛山特有,主要分布于山顶部清凉顶至铁瓦寺一带,生长于海拔2 150–2 230 m的亚高山竹林或灌丛中。模式标本由西南大学著名植物学家熊济华教授于1957年5月21日采自南川金佛山凤凰寺附近。

本变种与原变种绒毛杜鹃(*Rhododendron pachytrichum* Franch.)的区别在于:本种叶较小,薄革质,长圆形,长5–10 cm,宽2–3.6 cm,基部宽楔形;花柱瘦长,伸出花冠外,长达4–4.7 cm;蒴果密被红褐色糙伏毛。

该物种地理分布非常局限(仅产于金佛山),种群数量十分稀少,加之主要与金佛山方竹、平竹等竹类共生,易在采笋时损坏,种群自然更新困难,故应重点保护,并加快落实抢救措施,实行人工繁殖和抚育。

35. 阔柄杜鹃(别名:丽叶杜鹃、椭圆叶杜鹃)

Rhododendron platypodum Diels in Bot.Jahrb.29:511.1900;中国高等植物图鉴3:100.图4154.1974;中国四川杜鹃花22-23.1986;中国植物志57(2):34.1994.

常绿灌木或小乔木,高1.5-4(8) m;树皮深灰色;小枝直立,粗壮,微被灰色蜡粉。顶生冬芽卵形,长约1.5 cm,无毛。叶厚革质,常4-5枚集生枝顶,宽椭圆形或近于圆形,长7.5-13 cm,宽4.5-8 cm,先端圆形,有时具小突尖头,基部钝至圆形,下延于叶柄两侧呈翅状,上面深绿色,下面淡绿色,有稀疏的毛被残迹,中脉在两面凸出,侧脉12-18对,在上面稍隆起,下面不明显;叶柄短,扁平,长1-2 cm,宽8-11 mm,淡黄绿色,略有灰色蜡粉。顶生总状伞形花序,疏松,有花12-15朵;总轴长4-6 cm,淡绿色,有散生腺体;花梗淡绿色,长1.5-4 cm,无毛或有散生腺体;花萼小,肉质,长约2 mm,边缘有波状裂片7;花冠漏斗状钟形,长约4 cm,宽5.5-7 cm,粉红色,内无斑点,裂片6-7(8),扁圆形,长约1.6 cm,宽2-2.5 cm,顶端有浅缺刻;雄蕊12-14(16),不等长,花丝略扁,白色,近基部具白色微柔毛,花药长椭圆形,淡褐色;子房椭圆状卵圆形,绿色,密被白色短柄腺体,花柱长约3.7 cm,淡绿色,通体有白色短柄腺体,柱头盘状,宽3-5 mm。蒴果圆柱形,长约1.5 cm,有密腺体。花期4-5月,果期8-9月。

中国重庆金佛山特有,主要分布于该山的金山、柏枝山、箐坝山等地,生长于海拔1 700-2 250 m的亚高山岩石缝中或疏林下。模式标本由奥地利人罗斯特恩(Rosthorn)于1891年5月采自重庆南川金佛山的古佛洞坝附近。

本种小枝直立粗壮,叶较大,厚革质,柄宽大,扁平;花大,粉红色,宽钟状(宽大于长),内无斑点等,易于区别。

该物种地理分布非常狭窄(仅产于金佛山),种群数量较少,加之树形及叶美观,花大而艳丽,易当野生花卉挖采,现已被《中国物种红色名录》列为"濒危",被《中国植物红皮书(第二批)》列为国家二级野生重点保护植物。应重点加强保护和进行人工抚育抢救。

阔柄杜鹃—叶柄

阔柄杜鹃—叶背

阔柄杜鹃—植株

阔柄杜鹃—粉白类型花

阔柄杜鹃—花枝

阔柄杜鹃—花

阔柄杜鹃—花序

阔柄杜鹃—雄蕊及子房

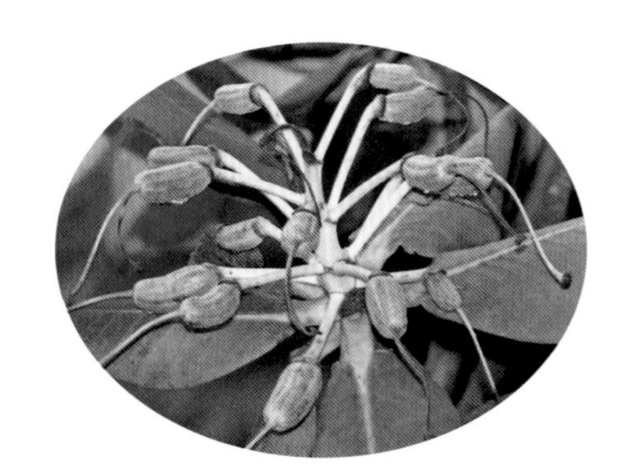

阔柄杜鹃—果序

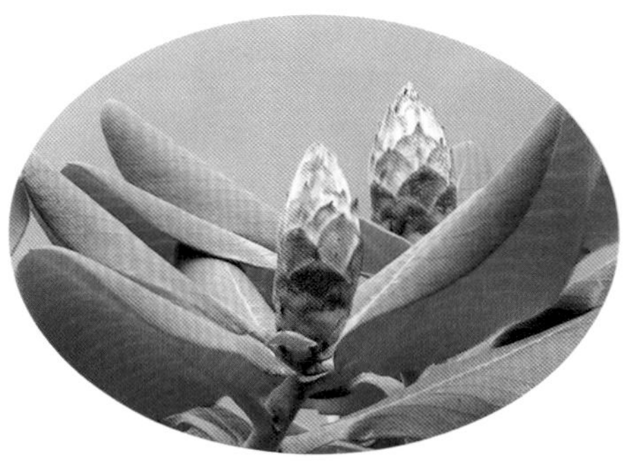

阔柄杜鹃—花蕾

腋花杜鹃—花枝

腋花杜鹃—花序

36. 腋花杜鹃(别名:香叶杜鹃)

Rhododendron racemosum Franch.in Bull.Soc.Bot.France,33:235.1886;中国高等植物图鉴 3:163. 图 4280.1974;云南植物志 4:557.1986;中国四川杜鹃花 244.1986;横断山区维管植物(下册)1449.1994;中国植物志57(1):209.1999.

Rhododendron motsouense Lévl.in Fedde,Repert.Sp.Nov.13:148.1914.

常绿灌木,高0.5–2 m;分枝多,幼枝短而细,被黑褐色腺状鳞片,无毛或有时被微柔毛。叶片多数,散生,揉之有香气,长圆形或长圆状椭圆形,长1.5–4 cm,宽0.8–1.8 cm,顶端钝圆或锐尖,有时具明显的小短尖头,基部钝圆或楔形,边缘反卷,上面密生黑色或淡褐色小鳞片,下面通常呈灰白色,密被褐色鳞片,侧脉在两面均不明显;叶柄短,长2–4 mm,被鳞片。花序腋生枝顶或枝上部叶腋,花序有花2–3朵;花梗纤细,长0.5–1 cm,密被鳞片;花萼小,环状或波状浅裂,被鳞片;花冠宽漏斗状,长1–1.5 cm,粉红色或淡紫红色,5裂,裂片开展,外面疏生鳞片或无;雄蕊10,伸出花冠外,花丝基部密被开展的柔毛;子房5室,密被鳞片,花柱略长于雄蕊,无毛,或有时基部有短柔毛。蒴果长圆形,长0.5–1 cm,疏被鳞片。花期3–5月,果期7–8月。

本种在金佛山主要分布于西麓的菁坝山和黑山等地,生于海拔1 450–1 800 m的针阔混交林中。中国西南部特有,四川西南部、贵州西北部、云南也产。模式标本采自云南洱源。

本种幼枝具鳞片,叶散生,近无毛,揉之有香气,上面亮绿色,下面灰白色,花序腋生,花冠粉红色或淡紫红色,易于区别。

该物种在金佛山自然分布的种群数量较少,加之原生境已被人工林所取代,自然更新困难,应注意保护。

37. 溪畔杜鹃(别名:贵州杜鹃)

Rhododendron rivulare Hand.-Mazz.in Anz.Akad.Wiss.Wien.Math.-Nat.18.1921;中国树木分类学951.1937;中国高等植物图鉴3:153.图4260.1974;华南杜鹃花志31.1983;贵州植物志3:245.1990;中国植物志57(2):404.1994.

常绿灌木,高1-3 m。幼枝纤细,淡紫褐色,密被锈褐色短腺头毛,疏生扁平糙伏毛和刚毛状长毛,老枝灰褐色,近于无毛。芽鳞多胶质,具白色绒毛。叶纸质,散生,卵状披针形或长圆状卵形,长4-9(11) cm,宽1.5-4 cm,先端渐尖,具短尖头,基部近于圆形,边缘全缘,密被腺头睫毛,上面深绿色,初时疏生长柔毛,后仅中脉上有残存毛,下面淡黄褐色,被短刚毛,尤以中脉上更明显,叶脉在上面凹陷,下面凸出,侧脉未达叶缘连结;叶柄长5-12 mm,密被锈褐色短腺头毛及扁平糙伏毛。伞形花序顶生,有花多达10朵以上;花梗长1.2-1.5 cm,密被短腺头毛及扁平长糙伏毛;花萼5裂,裂片狭三角形,边缘具棕褐色睫毛,花冠漏斗形,紫红色,长2.3-3 cm,花冠管狭圆筒形,长1.3-1.5 cm,向基部渐窄,外面无毛,内面被微柔毛,上部扩大,裂片5,长圆状卵形;雄蕊5枚,伸出于花冠外,花丝基部被微柔毛,花药紫色,长圆形;子房卵球形,褐色,密被红棕色刚毛。蒴果长卵球形,长约9 mm,密被刚毛状长毛。花期4-5月,果期8-10月。

本种在金佛山主要分布于西麓的永安及石莲等地,生长于海拔760-950 m的山地沟谷灌木丛中。中国特有,湖北、湖南、广东、广西、四川及贵州也产。模式标本采自贵州都匀。

本种叶常绿,纸质,先端渐尖,基部圆形;伞形花序顶生,花冠紫红色,雄蕊5,花药紫色,蒴果密被长毛等,易于区别。

该物种在金佛山分布区狭窄,种群数量少,加之生长于农耕区,易当薪柴砍伐和野生花卉挖采,现存量十分稀少,应注意保护。

溪畔杜鹃—花芽

溪畔杜鹃—生境

溪畔杜鹃—果柄及子房被毛

溪畔杜鹃—花枝

溪畔杜鹃—叶

溪畔杜鹃—花序

溪畔杜鹃—花

杜鹃—生境

杜鹃—花序

杜鹃—花序

杜鹃—花枝

杜鹃—叶

杜鹃—花

38. 杜鹃(别名:映山红、照山红)

Rhododendron simsii Planch.in Fl.des Serr.9:78.1854;中国树木分类学947.1937;广州植物志465.图254.1956;中国高等植物图鉴3:147.图4274.1974;台湾植物志4:36.1978;华南杜鹃花志43.1983;峨眉山杜鹃花58.图18.1986;云南植物志4:449.1986;中国四川杜鹃花331.1986.

Rhododendron indicum(Linn.) Sweet var.*ignescens* Sweet in Brit.Fl.Gard.Ser.2,2:t.1 28.1833.

落叶或半常绿灌木,高1–3(5) m;分枝多而纤细,密被亮棕褐色扁平糙伏毛。叶纸质,常集生枝端,卵形、椭圆状卵形、倒卵形或倒卵形至倒披针形,长1.2–5 cm,宽0.5–3 cm,先端急尖或短渐尖,基部楔形,边缘微反卷,上面深绿色,疏被糙伏毛,下面淡白色,密被褐色糙伏毛,中脉在上面凹陷,下面凸出;叶柄长2–6 mm,密被亮棕褐色扁平糙伏毛。花芽卵球形,鳞片外面中部以上被糙伏毛,边缘具睫毛。花2–3(6)朵簇生枝顶;花梗长约8 mm,密被亮棕褐色糙伏毛;花萼5深裂,边缘具睫毛;花冠阔漏斗形,玫瑰色、鲜红色或深红色,长3–4.5 cm,裂片5,倒卵形,上部裂片具深红色斑点;雄蕊10,长约与花冠相等,花丝线状,中部以下被微柔毛;子房卵球形,10室,密被亮棕褐色糙伏毛,花柱伸出花冠外,无毛或基部被毛。蒴果卵圆形,长达1 cm,密被糙伏毛,花萼宿存。花期4–5月,果期7–9月。

本种在金佛山广泛分布于海拔500–1 200(1 500) m的山地灌丛中或马尾松林下。中国特有,江苏、安徽、浙江、江西、福建、台湾、湖北、湖南、广东、广西、四川、贵州和云南也产。本种为我国中南及西南典型的酸性土指示植物。又因花冠鲜红色,为著名的花卉植物,具有较高的观赏价值,目前在国内外各公园中均有栽培。

该物种是金佛山低山及丘陵地带最为常见且种群数量最多的灌木型杜鹃,但由于主要生长于农耕区,易当薪柴砍伐及野生花卉和桩头挖采,故也要注意保护,防止野生种群数量的减少。

39. 长蕊杜鹃(别名:黄斑白杜鹃)

Rhododendron stamineum Franch.in Bull.Soc.Bot.France, 33: 236.1886; 中国高等植物图鉴 3: 157. 图 4268.1974; 华南杜鹃花志, 80.1983; 云南植物志 4: 542.154: 4.1986; 峨眉山杜鹃花 61. 图 19.1986; 中国四川杜鹃花 322.1986; 中国植物志 57(2): 352.1994; 湖北植物志 3: 282.2002.

常绿灌木或小乔木,高3–5(7) m;幼枝纤细,褐绿色,无毛。叶常轮生枝顶,薄革质,椭圆形或长圆披针形,长6–8 cm,稀达10 cm以上,宽2–4 cm,先端渐尖或斜渐尖,基部楔形,边缘微反卷,上面深绿色,具光泽,下面苍白绿色,两面无毛,稀干时具白粉,中脉在上面凹陷,下面凸出,侧脉不明显;叶柄长5–15 mm,无毛。花常3–5朵簇生枝顶叶腋;花梗长2–2.8 cm,无毛;花萼小,微5裂,裂片三角形;花冠白色或淡紫色,狭漏斗状,长2.5–3.5 cm,5深裂,上方裂片内侧具黄色斑点;雄蕊10,细长,花柱与雄蕊等长或超过雄蕊,无毛,柱头头状;蒴果圆柱形,长2–3(4) cm,微拱弯,具7条纵肋,先端渐尖,无毛。花期4–5月,果期7–9月。

本种在金佛山主要分布于金山、柏枝山、菁坝山和三元林区等地。生长于海拔800–1 600 m的山地灌丛或疏林中。中国特有,安徽、浙江、江西、湖北、湖南、广东、广西、陕西、四川、贵州和云南也产。

本种全株无鳞片也无毛,花冠白色,裂片较狭窄,雄蕊远较花冠长,易于区别。

该物种在金佛山的中山地区较为常见,但主要生长在农耕区,易遭薪柴砍伐,加之部分原生境已被人工林所取代,自然更新困难,其野生种群数量有所减少,所以应加强森林法宣传,注意原生态保护。

长蕊杜鹃—花

长蕊杜鹃—生境

长蕊杜鹃—叶面

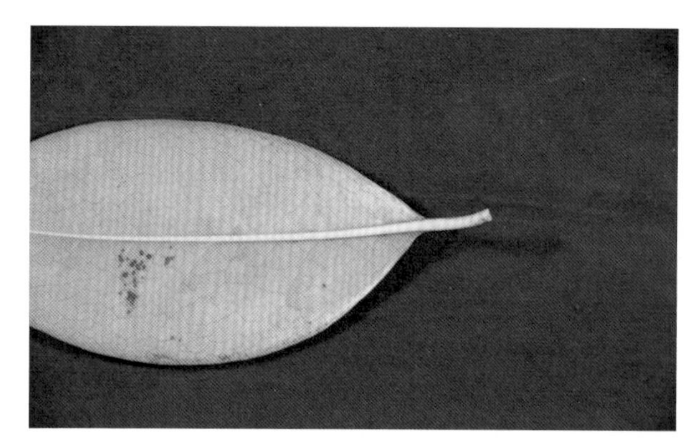

长蕊杜鹃—叶背

长蕊杜鹃—花枝

长蕊杜鹃—果

长蕊杜鹃—花序

毛果长蕊杜鹃—花枝

毛果长蕊杜鹃—花序

毛果长蕊杜鹃—花序

40. 毛果长蕊杜鹃(别名:毛梗长蕊杜鹃)

Rhododendron stamineum Franch.var. *lasiocarpum* R.C.Fang et C.H.Yang in Act.Bot.Yum.4: 249.1982.云南植物志4:543.1986;峨眉山杜鹃花64.1986;中国四川杜鹃花325.1986;中国植物志57(2):354.1994.

常绿灌木或小乔木,高3–5(7) m;幼枝纤细,褐绿色,无毛。叶常轮生枝顶,薄革质,椭圆形或长圆披针形,长6–8 cm,稀达10 cm以上,宽2–4 cm,先端渐尖或斜渐尖,基部楔形,边缘微反卷,上面深绿色,具光泽,下面淡绿色,两面无毛,稀干时具白粉,中脉在上面凹陷,下面凸出,侧脉不明显;叶柄长5–15 mm,无毛。花常3–5朵簇生枝顶叶腋;花梗长2–2.5 cm,密被灰白色绒毛;花萼小,微5裂,裂片三角形;花冠白色,狭漏斗状,长2.5–3.5 cm,5深裂,上方裂片内侧具黄色斑点;雄蕊10,细长;子房圆柱形,密被灰白色绒毛,花柱与雄蕊等长或超过雄蕊,无毛,柱头头状。蒴果圆柱形,长2–3(4) cm,微拱弯,具7条纵肋,先端渐尖,无毛。花期4–5月,果期7–8月。

本种在金佛山主要分布于东麓的山羊坪和庙坝。生长于海拔800–1 200 m的山地灌丛或疏林中。中国西南部特有,四川、云南东南部也产。模式标本采自云南广南。

本变种与原种长蕊杜鹃(*Rhododendron stamineum* Franch.)的区别在于:花梗和子房幼时均被白色绒毛,果成熟时无毛。

该物种在金佛山地理分布狭窄,仅限于东麓少数地方有分布,种群数量稀少,加之主要生长于农耕区,易当薪柴砍伐和野生花卉挖采,应加大宣传,注意生态和物种的保护。

41. 四川杜鹃(别名:山枇杷杜鹃)

Rhododendron sutchuenense Franch.in Journ.Bot.9:392.1895;中国高等植物图鉴3:108.图4170.1974;中国植物志57(2):20.1994;湖北植物志3:276.2002.

常绿灌木或小乔木,高3–6(8) m;树皮黑褐色至棕褐色;幼枝绿色,粗壮,被薄层灰白色绒毛,老枝淡黄褐色,有明显的叶痕。顶生冬芽近于球形,长约1 cm,无毛。叶厚革质,簇生枝顶,倒披针状长圆形,长7–20(25) cm,宽3–7 cm,先端急尖或钝圆,基部楔形,边缘反卷,上面深绿色,下面浅绿色,中脉在上面凹陷,下面凸出,疏被灰白色绒毛,侧脉17–22对;叶柄粗壮,绿色,长1.5–3 cm,幼时被毛。顶生伞形短总状花序,有花6–10朵;总轴长1–1.5 cm,无毛;花梗粗壮,长1–1.3 cm,被白色微柔毛;花萼小,盘状,约2.2 mm,无毛,裂片5,宽三角形或齿状;花冠漏斗状钟形,长5–7.5 cm,直径4.5 cm,蔷薇红色,内面上方有深红色斑点,近基部有白色微柔毛及深红色大斑块,裂片5(6),近于圆形,顶端有缺刻;雄蕊13–16,不等长,花丝基部具白色微柔毛,花药紫红色,长圆形;子房圆锥形,12室,长约7 mm,无毛;花柱红色,无毛,柱头盘状,淡红色。蒴果长圆状椭圆形,木质,微弯,略有浅肋纹。花期4–5月,果期8–9月。

本种在金佛山仅分布于三元林区的天山坪,生于海拔1 750–1 890 m的亚高山杂木林中。中国特有,陕西南部、甘肃东南部及西北部、湖北西北部、湖南西北部、四川东部及贵州也产。模式标本采自重庆城口。

本种易与其他种相区别:枝有明显的叶痕;叶革质,上面深绿色,下面浅绿色;花冠红色,内有斑点和斑块,子房及花柱无毛,柱头盘状,淡红色。

该物种在金佛山地理分布狭窄,种群数量稀少,加之原生境已被人工林所取代,现已近于"濒危",应重点加以保护,并尽快实施人工抚育等抢救措施,以免这种美丽杜鹃在金佛山"灭绝"。

四川杜鹃—生境

四川杜鹃—花枝

四川杜鹃—花序

四川杜鹃—花

反边杜鹃—植株

反边杜鹃—花枝

反边杜鹃—花

42. 反边杜鹃(别名:密腺杜鹃)

Rhododendron thayerianum Rehd.et Wils.in Sargent, Pl.Wils.1: 529.1913; 中国高等植物图鉴3: 120.图4194.1974; 中国植物志57(2): 168.1994.

常绿灌木或小乔木,高约3–5(7) m; 小枝粗壮,淡褐色或灰色,表面粗糙,有宿存的芽鳞。叶革质,常12–20枚密生于枝顶,窄倒披针形,长9–15(18) cm,宽1.5–2.5 cm,先端渐尖,基部楔形,边缘向下卷,上面深绿色,幼时被毛,后变无毛而有光泽,下面有淡褐色或淡棕色的毛被及短柄腺体,中脉在上面下凹,在下面显著隆起,侧脉在两面均不明显; 叶柄长1–1.5 cm,上面有沟槽,初被毛及腺体,以后无毛。总状伞形花序顶生,有花10–20朵,总轴长3.5 cm,无毛,密被腺体; 花梗细瘦,有腺体; 花萼小,5裂,裂片卵形,外面密生腺体,内面光滑; 花冠漏斗状,长2–3 cm,白色或粉红色,内不具色点,5裂,裂片圆形; 雄蕊10,不等长,长1.5–2 cm,花丝基部增宽,有开展的柔毛,其余光滑,花药椭圆形,长2–3 mm; 子房呈圆柱状,长约5 mm,花柱长2.5–3 cm; 密被腺体,直达顶端,柱头膨大。蒴果圆柱状,长约2.5 cm,直径5 mm,微弯曲,成熟后6–8裂。花期5–6月,果期8–10 月。

本种在金佛山主要分布于顶部的清凉顶和牛角寨,生长于海拔2 100–2 240 m的山顶灌木林中。中国西南部特有,四川西部也产。模式标本采自四川宝兴。

本种小枝上有宿存的芽鳞,叶片窄倒披针形,花梗及雌蕊上密被腺体,花柱上的腺体直到顶等特征,较易于与其他种相区别。

该物种在金佛山仅分布于山顶灌丛中,其种群数量也不多,由于生境特殊,自然更新较难,故应加强保护和进行人工抚育。

附录一　金佛山杜鹃花属植物资源调查

(一)生境

通过本次金佛山杜鹃花属植物生境调查统计，金佛山42种杜鹃花属植物中野生的有38种，占总数的90.5%；长期栽培有4种，占总数的9.5%。金佛山杜鹃花属植物以野生为主。其中，生长在密林中的有12种，占31.6%；生长在疏林中的有18种，占47.4%；生长在灌丛中的有8种，占21.0%。以在疏林中分布的杜鹃花种类居多。本山42种杜鹃花植物中地生的有39种，占总数的92.8%；石生有2种，占总数的4.8%；树生的有1种，占总数的2.4%。得知金佛山杜鹃花属植物绝大多数种类为地生，石生和树生的种类仅占极少数。

(二)生活型

经本次调查统计，金佛山42种杜鹃花属植物，常绿的有35种，占总数的83.33%；半常绿的有5种，占总数的11.91%；落叶的有2种，占4.76%。金佛山杜鹃花属植物以常绿为主。其中乔木型杜鹃有26种，占总数的61.90%，灌木型杜鹃有16种，占总数的38.10%，乔木型杜鹃种类显著多于灌木型杜鹃。

(三)开花期

通过本次对金佛山42种杜鹃花开花期观察得知，1–3月开花的杜鹃有：短果峨马杜鹃1种，占总数的2.38%；3–4月开花的杜鹃有：黄花杜鹃、短梗杜鹃等8种，占总数的19.05%；4–5月开花的杜鹃有金山杜鹃、美容杜鹃、阔柄杜鹃等22种，占总数的52.38%；5–6月开花的有大白杜鹃、粉红杜鹃等7种，占总数的16.67%；6–7月开花的有小头大白杜鹃、川南杜鹃等3种，占总数的7.14%；7–9月开花的有耳叶杜鹃1种，占总数的2.38%。该山杜鹃花植物虽然在春、夏、秋、冬四季均有开花种类，但以4–5月开花的种类最为集中。

(四)垂直及数量分布

从本次调查得知,金佛山自然生长的38种杜鹃花属植物从低海拔的山脚到较高海拔的山顶均有分布。其中,山脚(海拔为380—800 m)主要分布有溪畔杜鹃、杜鹃等4种,占总数的10.5%;山腰(海拔800—1 600 m)主要分布有:耳叶杜鹃、粉红杜鹃、长蕊杜鹃等20种,占总数的52.6%;山顶(海拔1 600—2 251 m)主要分布有金山杜鹃、美容杜鹃、阔柄杜鹃、树枫杜鹃等14种,占总数的36.9%。该山杜鹃花种类主要分布在山腰和山顶。

经数量分布统计得出:常见的杜鹃花种类有14种,占总数的33.33%;少见的杜鹃花种类有11种,占总数的26.19%;罕见的杜鹃花种类有17种,占总数的40.48%。少见和罕见的种类占该山杜鹃花属植物较大比例。其单种分布数量最大(超过10万株)的有金山杜鹃、粗脉杜鹃、美容杜鹃、长蕊杜鹃、杜鹃5种。

另值得一提的是:南川金佛山杜鹃花属植物在该山自然植被中占有较重要的位置。金佛山72个主要植被群系中便有8个单独或与其他植物组成优势群系,分别是银杉、水青冈、杜鹃林;亮叶水青冈、粗脉杜鹃林;水青冈、弯尖杜鹃林;石栎、美容杜鹃林;金山杜鹃林;阔柄杜鹃林;杜鹃、距圆叶鼠刺灌丛;短果峨马杜鹃、树枫杜鹃灌丛。

(五)区系分析

南川金佛山杜鹃花属植物种类通过区系分析:野生的38种杜鹃花属植物中有35种为我国特有,占总数的92.11%。其中属本山特有的有短梗杜鹃、金佛山美容杜鹃、疏花美容杜鹃、树枫杜鹃、短果峨马杜鹃、瘦柱绒毛杜鹃、阔柄杜鹃7种;属西南地区特有的有川南杜鹃、粗脉杜鹃、小头大白杜鹃、树生杜鹃、金山杜鹃、峨马杜鹃等24种;属东亚植物区系的有照山白1种,占总数的2.63%;属南亚植物区系的有大白杜鹃、毛棉杜鹃2种,占总数的5.26%。

(六)资源特点

1. 种类繁多,为我国已知各县、区山体之首

根据本次调查结果:金佛山杜鹃花属植物多达42种(含变种、变型),均远远超过重庆及相邻的我国其他著名山体,位于榜首。如号称杜鹃花王国的峨眉山仅33种,比金佛山少9种;因丰富的动植物资源而闻名于世的神农架,仅19种,比金佛山少23种;与本山相邻的贵州大沙河自然保护区只有27种,比金佛山少15种;贵州著名风景名胜区百里杜鹃林,也仅有22种,比金佛山几乎少一半;重庆缙云山仅有杜鹃花6种,远远少于金佛山的杜鹃。进一步证实,金佛山是我国杜鹃花属植物种类、数量分布最为集中的山体之一。

2. 分布广,蕴藏量大,更有世界上最大的杜鹃花树

根据我们历年调查结果,金佛山各乡镇(包括绝大多数的村)均可见到杜鹃花的身影,在不同海拔、不同土壤、不同地形、不同生境均有杜鹃花的分布,且资源量也十分丰富,不论是低山还是高山,均能见到成片天然的杜鹃花林。其中,金山杜鹃、粗脉杜鹃、美容杜鹃等乔木型杜鹃还是金佛山喀斯特地貌常绿阔叶林的主要建群树种之一。更值得一提的是,全

世界现存胸径(1.18 m)最大的“杜鹃王”在金佛山，它比1919年英国人傅利斯在我国云南高黎贡山发现的“杜鹃巨人”的胸径(0.87 m)整整多出0.31 m，无愧为“世界之王”。

3. 种质资源繁多，以乔木型杜鹃占主导地位，物种极具多样性

由于金佛山有保存较好的原始森林植被，复杂多变的地形、地貌和特殊的地理位置，加之未受第四季冰川的影响，因而本山动植物包括杜鹃花种质资源繁多，且极具多样性。不管是原始的还是近代的杜鹃花类群，不管是灌木还是乔木，不管是地生还是石生甚至树生，不管是在亚高山山坡还是丘陵平坝等，均有杜鹃花分布。在其他地方少见的乔木型杜鹃，在本山极其常见，据调查统计，多达50万株以上。我国杜鹃花属广义的5个亚属(常绿杜鹃亚属、有鳞杜鹃亚属、马银花亚属、羊踯躅亚属和落叶杜鹃亚属)本山均有物种分布，其花的颜色更是红、黄、白、蓝、紫、黑都有，五彩缤纷，色泽绚丽。更特别的是，同一物种的花在本山可以开出多种颜色，如金山杜鹃的花，除常见为粉红色外，还可见淡白色、淡红色、紫红色、淡紫色甚至纯白色等。

4. 特有种、模式产地种比例大

金佛山杜鹃花属38个野生物种中，便有9种杜鹃在发表新种时引用采自该山的标本作为模式，模式产地杜鹃占本山野生杜鹃总数的23.7%，其中世界上仅产于本山的有7种，占18.4%。该山特有种、模式种比例之大，在我国乃至世界罕见。如峨眉山杜鹃花属植物的特有种仅3种，仅占该山总数的9.1%。

5. 花期长，可观赏性强

其他山的杜鹃多于春末夏初开放，但金佛山早在还是寒冬的一月，便有短梗峨马杜鹃顶寒傲雪开放，夏末秋初，还有小头大白杜鹃、耳叶杜鹃等在林中争奇斗艳，金佛山可谓四季均有杜鹃花开。该山杜鹃的观赏性与其他地区相比，除以上提到的种类繁多、数量大、多样性强、特有种多，以及具有杜鹃王、杜鹃王子、杜鹃王妃等其他地区少见的乔木杜鹃外，还有被世界园林称为最美的杜鹃——阔柄杜鹃、世界上数量最少的杜鹃——金佛山美容杜鹃、世界上最稀有的花具香味的杜鹃——小头大白杜鹃，还有花为紫黑色(当地称之黑杜鹃)的世界上罕见的杜鹃——短梗峨马杜鹃和少见的能在大树上生长的杜鹃——树生杜鹃等。更为惊奇的是，该山有一棵大树上便生长着7种杜鹃，每年4–5月花开放时，4种不同品种、不同颜色的花在一棵树上同时开放，此树不愧为金佛山的“杜鹃娘娘”。

6. 科研保护价值高

金佛山杜鹃花属植物种类较多，科研保护价值高，有不少的物种，如金佛山美容杜鹃、树枫杜鹃、疏花美容杜鹃、阔柄杜鹃、短果峨马杜鹃、瘦柱绒毛杜鹃和短梗杜鹃等少见和罕见物种，且全世界仅分布于金佛山。这些种类在该山分布十分狭窄，数量稀少，极具保护价值。

附录二 金佛山杜鹃花属植物开发利用前景

1. 观赏、绿化利用

该山杜鹃花属植物多数花大、色艳，极富观赏性，但由于一些种类对环境要求特殊，在引种应用时应充分考虑栽培地区的环境条件。对环境条件相似的可直接从产地引种栽培，如满山红、杜鹃、长蕊杜鹃、马银花等可直接应用于较低海拔的园林绿化；如果栽培地区和产地的环境条件差异太大，则应逐步引种驯化；也可在原产地营造风景林，开展森林旅游。不同种类因株型及生长习性不同在具体应用时重点也不同。

(1)盆景 短果峨马杜鹃、照山白、满山红、树生杜鹃、溪畔杜鹃等形状娇美、株型矮小、适合盆栽欣赏。多数杜鹃花可嫁接繁殖，植株愈伤快，成活率高，又利于造型，也可培育多头品种的新植株。

(2)行道和庭园绿化 本山可用于行道和庭园绿化的杜鹃花属植物，有四川杜鹃、马缨杜鹃、长蕊杜鹃、满山红等。这些种类花繁、叶茂、萌生力强，既可丛植、片植，又可造型、整形、培育新品种，是理想园林绿化的适用花木植物。

2. 经济利用

(1)药用 杜鹃花属植物的药用价值很高，它们所含的特征性活性成分为黄酮类和挥发油，大多有抗菌消炎、止咳平喘和化痰作用，临床上具有较高的疗效。如映山红的根、叶、花均可药用：叶含有祛痰、镇咳有效成分双氢黄酮类(杜鹃醇、杜鹃花醇甙、三萜类、氨基酸)，花含花色甙、黄酮醇类，根含有鞣质。入药有镇咳、祛痰、平喘、止血等功效，用于治疗慢性气管炎、喘咳、风湿性关节炎、闭经、便血、阴道流血等疾病。杜鹃全株供药用，有行气活血、补虚，治疗内伤咳嗽、肾虚耳聋、月经不调、风湿等疾病。杜鹃的叶捣烂后外敷，能拔毒消肿；常用杜鹃的根、叶、花均有活血调经之效，还能医治跌打损伤和风湿筋骨疼痛。

(2)食用 大白杜鹃、小头大白杜鹃、杜鹃、满山红等多数杜鹃花均可食用，如大白杜鹃在云南已有悠久的食用历史，小头大白杜鹃近年也被重庆花卉大餐摆上餐桌。但值得注意的是，有少数杜鹃花是有毒的，不能食用，如羊踯躅、照山白等。

(3)养蜂 金山杜鹃、杜鹃、峨马杜鹃、弯尖杜鹃、长蕊杜鹃等的花期长、开花早、蜜色浅淡、蜜质优良，是本地区春季主要的蜜源植物。通过保护自然资源和加大人工栽植的力度，可增加养殖蜂群的数量，生产出更多口感好、质量优、药用价值高的商品蜜。

(4)工业原料　杜鹃花属植物的树皮和叶均富含鞣质，是提制栲胶的原料。如杜鹃的树皮含鞣质7%，长蕊杜鹃的树皮含鞣质12.48%、叶含鞣质9.5%等。该山较多的杜鹃花属植物还可以提取调和香精用的芳香油。

3. 生态利用

杜鹃花在水土保持并维持生态系统稳定方面具有十分重要的作用。金佛山杜鹃花多生长在干燥的山脊或山顶上，即多数为旱生类型，耐贫瘠、干旱，具有较强的水土保持能力。长蕊杜鹃、杜鹃、马银花等通常植株矮小，枝条密集，根系发达，常丛生成密不可入的灌木林，能起到固定水土的作用，可用于山崖、陡坡等区域的防护林建设。如广西玉林江口水库利用“桃树+杜鹃”治理其水土流失，取得了良好效果。

4. 科研利用

由于杜鹃属植物在自然界杂交现象普遍，栽培条件下更易于杂交变异，因此可充分利用当地丰富的野生杜鹃花资源，为遗传育种和品种改良提供种质资源和原始材料。

杜鹃花与其他孑遗植物一样，属于在第三纪就广布于世界的古老植物类群，在经历了第三纪和第四纪冰川的洗礼后，现在杜鹃花依然是中国和喜马拉雅植物区系中的大属之一，且广布世界各地；但在当时和其他孑遗植物同类群的相似物种，目前大部分已经因为地质、气候的变化而灭绝，或只存在于很小的范围内，最终剩下了因近缘类群多已灭绝而比较孤立、进化缓慢的“孑遗植物”。因此杜鹃花对于研究第三纪和第四纪冰川运动及植物系统演化有重要意义。

附录三 杜鹃花属(*Rhododendron L.*)分种检索表

1.花序顶生,有时紧接顶生花芽之下有侧生花芽。

2.植株被有鳞片,有时兼有少量毛。

3.花萼发育,长1 cm左右,花冠淡黄色…………………… 树枫杜鹃*R. changii*(Fang)Fang

3.花萼短小,长1 cm以下,花冠不为黄色。

4.通常为附生灌木,花冠鲜玫瑰红色,花柱短于花冠… 树生杜鹃*R. dendrocharis* Franch.

4.地生灌木,花冠为淡紫红色、黄色或乳白色。

5.叶表面被疏生柔毛,花冠淡紫红色…………… 短梗杜鹃*R. brachypodum* Fang et Liu

5.叶表面无毛,花冠黄色或乳白色。

6.常绿灌木,花冠乳白色 ……………………………… 照山白*R. micranthum* Turcz.

6.半常绿灌木,花冠黄色 ……………………………… 黄花杜鹃*R. lutescens* Franch.

2.植株无鳞片,被各式毛或有时无毛。

7.花出自顶芽,新叶出自侧芽,无毛或被各式毛,但无扁平糙伏毛。

8.落叶小灌木,花黄色,雄蕊5枚 ………………………… 羊踯躅*R. molle*(BL.)G. Don.

8.常绿大灌木或小乔木,花不为黄色,雄花通常10枚以上。

9.幼枝、叶柄通常被刚毛。

10.花冠7裂,银白色,雄蕊14–16枚…………………… 耳叶杜鹃*R. auriculatum* Hemsl.

10.花冠5裂,不为银白色,雄蕊10枚。

11.花冠钟形,淡红色,花柱瘦小 ………………………………………………………… ……………… 瘦柱绒毛杜鹃*R. pachytrichum* Franch. var. *tenuistylum* W. K. Hu.

11.花冠宽钟形或狭钟形,红色至深红色。

12.叶长圆形、椭圆形或卵形,叶背除中脉其余无毛,花冠红色 ………………… ……………………………………………………… 麻花杜鹃*R. maculiferum* Franch.

12.叶倒披针形,叶背被毛,花冠深紫红色或暗紫红色。

13.叶背被绒毛状卷毛,花冠宽钟形,深红色,蒴果长1.8–2.5 cm …………… ………………………………………… 峨马杜鹃*R. ochraceum* Rehd. et Wils.

13.叶背被有绵状毛,花冠狭钟形,暗紫红色,蒴果较短,长约1.3 cm ………… …………… 短果峨马杜鹃*R. ochraceum* Rehd. var. *brevicarpum* W. K. Hu.

9.幼枝、叶柄通常无刚毛。

14.花冠(5)6–10裂,雄蕊(10)12–18枚。

15.叶较大,椭圆形。

16.叶背有海绵状毛被,花冠深红色 ························ 马缨杜鹃 *R. delavayi* Franch.

16.叶背长成后常无毛或仅具粘结的一层薄毛被。

17.花柱头大,宽5–6.5 mm。

18.花冠钟形,红色或粉红色,子房光滑无毛。

19.叶小而狭窄,长10–14 cm,花梗较短,长2–2.5 cm ························

··········· 金佛山美容杜鹃 *R. calophytum* Franch. *jingfuense* Fang et W. K. Hu.

19.叶大而宽,长可达30 cm,花柱长3–6.5 cm。

20.花较多,15–20朵,花冠阔钟形 ··················· 美容杜鹃 *R. calophytum* Franch.

20.花较少,3–7朵,花冠碗状钟形 ···

··············· 疏花美容杜鹃 *R. calophytum* Franch. var. *pauciflorum* W. K. Hu.

18.花冠宽漏斗状钟形,白色,子房密被腺体 ··········· 大白杜鹃 *R. decorum* Franch.

17.花柱头小,宽1.6–3.5 mm。

21.子房及花柱无毛或仅子房被疏腺体。

22.叶较长,10 cm以上,叶背被毛,花冠裂片5···四川杜鹃 *R. sutchuenense* Franch.

22.叶较短,10 cm以下,叶背无毛,花冠裂片6–8。

23.柱头宽约2 mm,花冠裂片7–8,顶端无缺刻,花具浓香味 ·····················

··············· 小头大白杜鹃 *R. decorum* Franch. ssp. *parvistigmaticum* W. K. Hu.

23.柱头宽1.6–2.6 mm,花冠裂片6–7,顶端有缺刻,花不具浓香味 ·············

··· 粉红杜鹃 *R. oreodoxa* Franch var. *fargesii*(Franch.)Chamb. ex Cullen et Chamb.

21.子房花柱密被腺体。

24.叶柄宽,扁平,花丝近基部被毛 ··················· 阔柄杜鹃 *R. platypodum* Diels.

24.叶柄圆柱形,花丝无毛。

25.叶柄较长，1.3–3.5 cm，花冠粉红色 ……… 云锦杜鹃 *R. fortunei* Lindley.

25.叶柄较短，1–2.5 cm，花冠紫丁香色或淡紫色

…………………………………………………… 川南杜鹃 *R. sparsifolium* Fang.

15.叶较小，卵状椭圆形至披针形。

26.花序总轴较短，花排列密集，叶脉表面明显凹入而成泡状粗皱纹 ……………

…………………………………………………… 粗脉杜鹃 *R. coeloneurum* Diels.

26.花序总轴较长，花排列疏松，叶表面无泡状粗皱纹。

27.叶背面被银白色或灰白色毛被。

28.幼枝被毛，叶片先端常有向外折歪曲的短尖尾 ………………………………

…………………………………………………… 弯尖杜鹃 *R. adenopodum* Franch.

28.幼枝常无毛，叶片先端钝尖或急尖，不向外折。

29.子房及花梗被毛 ………………………… 银叶杜鹃 *R. argyrophyllum* Franch.

29.子房及花梗无毛 ………………………… 粉白杜鹃 *R. hypoglaucum* Hemsl.

27.叶背面有淡棕色或泥灰色毛被。

30.幼枝具宿存的芽鳞，花序总轴，花梗、花柱和子房均密被腺体 ……………

……………………………………… 反边杜鹃 *R. thayerianum* Rehd. et Wils.

30.幼枝无芽鳞，子房被绒毛，花柱无毛。

31.花序总轴无毛，花梗及花丝被毛 …… 不凡杜鹃 *R. insigne* Hemsl. et Wils.

31.花序总轴被毛，花梗及花丝无毛…………………………………………………

… 金山杜鹃 *R. longipes* Rehd.et Wils.var. *chienianum*(Fang)Chamb.ex Cullen et Chamb.

7.花和新的叶出自同一顶芽，茎、叶、花序及蒴果通常有扁平糙伏毛。

32.小枝及叶除幼时外无毛，叶在幼枝上轮状簇生，花冠紫红色 …………………

…………………………………………………… 满山红 *R. mariesii* Hemsl. et Wils.

32.小枝及叶成长后均被毛，叶在幼枝上散生，花冠不为紫红色。

33.雄蕊10枚。

34.雄蕊与花冠等长，花冠红色 ………………………………… 杜鹃 *R. simsii* Planch.

34.雄蕊比花冠长，花冠白色 ……………………… 白花杜鹃 *R. mucronatum*(BL.)G. Don.

33.雄蕊5枚。

35.幼枝密被腺头毛及糙伏毛，叶散生，每一花序有花10朵以上，花冠紫红色，在本山为野生种 …………………………………………… 溪畔杜鹃 *R. rivulare* Hand.Mazz.

35.幼枝密被扁平糙伏毛，叶集生枝顶，每一花序有花1–3朵，花冠鲜红色或红色，在本山为栽培种。

36.花冠较长，3–4 cm，雄蕊比花冠短，花丝被毛…皋月杜鹃 *R. indicum*(Linn.)Sweet.

36.花冠较短，2.5 cm以下，雄蕊约与花冠等长，花丝无毛 ………………………………………………………………………… 钝叶杜鹃 *R. obtusum*(LindL.)Planch.

1.花序腋生，通常生枝顶叶腋。

37.植株有鳞片，花冠小，长1–1.5 cm，蒴果长圆形………… 腋花杜鹃 *R. racemosum* Franch.

37.植株无鳞片，花冠较大，长1.5 cm以上，蒴果卵圆形或圆柱形。

38.雄蕊5枚，蒴果卵球形。

39.花萼裂片边缘密被短柄腺体 ………………………………… 腺萼马银花 *R. bachii* Lévl.

39.花萼裂片边缘不被腺体(在本山为栽培种)…马银花 *R. ovatum*(LindL.)Planch. ex Maxim.

38.雄蕊10枚，蒴果圆柱形。

40.花单生枝顶叶腋，花鳞明显，宿存，花萼不明显 …… 鹿角杜鹃 *R. latoucheae* Franch.

40.花呈伞形状着生，具花数朵，花鳞开花后脱落，花萼明显。

41.雄蕊等于或短于花冠，花冠淡紫色、粉红色或淡红白色 ………………………………………………………………………………… 毛棉杜鹃 *R. moulmainense* Hook.f.

41.雄蕊伸出花冠很长，花冠白色。

42.花梗及子房无毛………………………………………… 长蕊杜鹃 *R. stamineum* Franch.

42.花梗及子房幼时密被灰白色绒毛 ……………………………………………… 毛果长蕊杜鹃 *R. stamineum* Franch. var. *lasiocarpum* R.C.Fang et C.H.Yang.

主要参考文献

[1]冯国楣.中国杜鹃花(第1册)[M].北京:科学出版社,1988:1-190.

[2]冯国楣.中国杜鹃花(第2册)[M].北京:科学出版社,1992:2-226.

[3]冯国楣,杨增宏.中国杜鹃花(第3册)[M].北京:科学出版社,1999:2-1324.

[4]许冬焱.重庆市的杜鹃花科植物资源研究[J].渝西学院学报(自然科学版),2004,3(2):51-54.

[5]中科院中国植物志编辑委员会.中国植物志(第57卷)(第1,2分册)[M].北京:科学出版社,1994.

[6]张虹.金佛山杜鹃花属植物资源[J].西南农业大学学报,1997,19(1):88-92.

[7]李振宇,石雷主编.峨眉山植物[M].北京:科学出版社,2007.

[8]熊济华.重庆缙云山植物志[M].重庆:西南师范大学出版社,2005.

[9]刘正宇.重庆金佛山生物资源名录[M].重庆:西南师范大学出版社,2010.

[10]汪松,解焱.中国生物物种红色名录[M].北京:高等教育出版社,2004.

[11]方文培.中国四川杜鹃花[M].北京:科学出版社,1986.

[12]刘正宇等.大沙河自然保护区本地资源(杜鹃花属)[M].贵阳:贵州科技出版社,2006:105-115.

[13]傅书遐.湖北植物志(3)[M].武汉:湖北科学技术出版社,2002.

后 记

世界上，杜鹃花的故乡在中国！

金佛山，漫山杜鹃花千姿百态！

历经数代人的艰辛努力，金佛山杜鹃花的神秘面纱终被揭开，娇艳地盛开在世人面前。

方文培、方明渊父子都是享誉海内外的杜鹃花权威专家。1997年春，方明渊教授追寻其父足迹上金佛山考察，到重庆市药物种植研究所标本馆鉴定了大量的金佛山杜鹃花标本，深有感触，慨叹金佛山杜鹃花有如此众多的种类，实属世界罕见，认为金佛山是研究杜鹃花的理想场所，应加大保护力度，进一步深入研究。

重庆市药物种植研究所早期在谭世贤研究员带领下，从事金佛山杜鹃花研究。20世纪70年代末，采集了大量金佛山杜鹃花标本，收集了众多原始资料，为编写《重庆金佛山杜鹃花图志》奠定了基础。

方文培教授生前对重庆市药物种植研究所野外杜鹃花调查人员进行了业务培训和指导，并亲自对金佛山疑难标本进行鉴定。方明渊教授为本书图文进行了详尽审阅，并为本书作序。中科院植物研究所耿玉英研究员对采自金佛山已鉴定杜鹃花属标本进行全面复核。

以上专家学者对金佛山杜鹃花研究付出了大量的心血，他们不畏艰难困苦，严谨治学，精神令人景仰。在此，对所有从事金佛山杜鹃花研究的专家学者及对本书出版付出辛劳的人员表示由衷的感谢。

南川区区长曹清尧、副区长兼南川区金佛山风景名胜区管理局局长郑远学、南川区金佛山旅游景区管理委员会党组书记邓华以及其他负责人久有编写金佛山杜鹃花图志的宿愿。值此金佛山申报世界自然遗产之际，将金佛山杜鹃花介绍给国际国内的专家学者及广大游人，就成了当前的要务，于是安排工作人员，落实资金，委托重庆市药物种植研究所着手编撰，玉成其事。

本书的正文和专业文字部分主要由刘正宇、张军执笔，大场景杜鹃花配图诗文编写人为张钦伟、汪江珊，42种杜鹃花图片的鉴定和整理人为刘翔。钱齐妮、张润林、张钦伟为组织本书的编写、正文修改及出版做了大量工作。

本书的编撰，历时多年，虽几经修改校正，但疏漏之处在所难免，望专业人士及广大读者不吝赐教并一一指出，以便今后刊正。

编者

2013年6月

图书在版编目(CIP)数据

重庆金佛山杜鹃花图志 / 刘正宇，钱齐妮，邓华主编. —重庆：西南师范大学出版社，2013.7
ISBN 978-7-5621-6251-3

Ⅰ. ①重… Ⅱ. ①刘… ②钱… ③邓… Ⅲ. ①杜鹃花科—植物志—南川区 Ⅳ. ①Q949.72

中国版本图书馆CIP数据核字(2013)第161286号

CHONGQING JINFOSHAN DUJUANHUA TUZHI

重庆金佛山杜鹃花图志

刘正宇　钱齐妮　邓　华　主编

责任编辑：杨光明
封面设计：王　煤
版式设计：梅木子
排版制作：文明清
出版发行：西南师范大学出版社
地址：重庆市北碚区天生路1号
邮编：400715　市场营销部电话：023-68868624
http://www.xscbs.com
经　　销：新华书店
印　　刷：重庆市金雅迪彩色印刷有限公司
开　　本：889mm×1194mm　1/16
印　　张：8.75
字　　数：200千字
版　　次：2013年7月　第1版
印　　次：2013年7月　第1次印刷
书　　号：ISBN 978-7-5621-6251-3

定　　价：100.00元

重庆金佛山杜鹃花图志

南川区金佛山风景名胜区管理局
重 庆 市 药 物 种 植 研 究 所 组编

刘正宇 钱齐妮 邓 华 主编